国家“十二五”重点图书出版规划项目
国家科技部：2014年全国优秀科普作品

新能源在召唤丛书

XINNENGYUAN ZAIZHAOHUAN CONGSHU
HUASHUO DIRENENG YU KERANBING

话说地热能与可燃冰

翁史烈 主编 刘允良 著

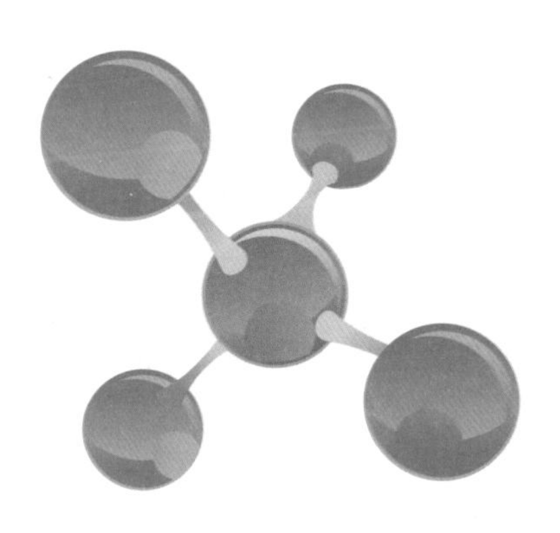

广西教育出版社

出版说明

科普的要素是培育，既是科学知识、科学技能的培育，更是科学方法、科学精神、科学思想的培育。优秀科普图书的创作、传播和阅读，对提高公众特别是青少年的素质意义重大，对国家和民族的健康发展影响深远。把科学普及公众，让技术走进大众，既是社会的需要，更是出版者的责任。我社成立近 30 年来，在教育界、科技界特别是科普界的支持下，坚持不懈地探索一条面向公众特别是面向青少年的切实而有效的科普之路，逐步形成了“一条主线”和“四个为主”的优秀科普图书策划和出版特色。“一条主线”即以普及科学技术知识、弘扬科学人文精神、传播科学思想方法、倡导科学文明生活为主线。“四个为主”即一是内容上要新旧结合，以新为主；二是论述时要利弊兼述，以利为主；三是形式上要图文并茂，以文为主；四是撰写时要深入浅出，以浅为主。

《新能源在召唤丛书》是继《海洋在召唤丛书》、《太空在召唤丛书》之后，我社策划、组织的第三套关于高科技的科普丛书。《海洋在召唤丛书》由中国科学院王颖院士等专家担任主编，以南京大学海洋科学研究中心为依托，该中心的专家学者为主要作者；《太空在召唤丛书》由中国科学院庄逢甘院士担任主编，以中国航天科技集团旗下的《航天》杂志社为依托，该社的科普作家为主要作者；

《新能源在召唤丛书》则由中国工程院翁史烈院士担任主编，以上海市科协旗下的老科技工作者协会为依托，该协会的会员为主要作者。前两套丛书出版后，都收到了社会效益和经济效益俱佳的效果。《海洋在召唤丛书》销售了五千多套，被共青团中央列入“中国青少年 21 世纪读书计划新书推荐”书目；《太空在召唤丛书》销售了上万套，获得了国家科技部、新闻出版总署颁发的全国优秀科技图书奖，并被新闻出版总署列为“向全国青少年推荐的百种优秀图书”之一。而这套《新能源在召唤丛书》，则被新闻出版总署列为了“十二五”国家重点图书出版规划项目，相信出版后同样会“双效”俱佳。

我们知道，新能源是建立现代文明社会的重要物质基础；我们更知道，一代又一代高素质的青少年，是人类社会永续发展最重要的人力资源，是取之不尽、用之不竭的“新能源”。我们希望，这套丛书能够成为“新能源”时代的标志性科普读物；我们更希望，这套丛书能够为培育科学地开发、利用新能源的新一代提供正能量。

广西教育出版社

2013 年 12 月

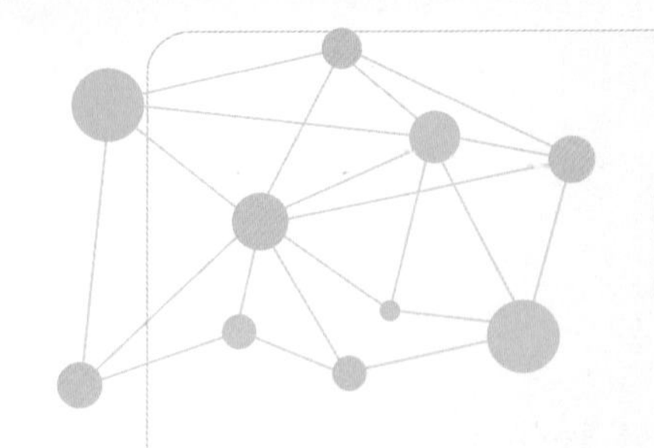

主编寄语

建设创新型国家是中国现代化事业的重要目标，要实现这个宏伟目标，大力发展战略性新兴产业，努力提高公众的科学素质，坚持做好科学普及工作，是一个重要的任务。为快速发展低碳经济，加强环境保护，因地制宜，积极开发利用各种新能源，走向世界的前列，让青少年了解新能源科技知识和产业状况，是完全必要的。

为此，广西教育出版社和上海市老科技工作者协会合作，组织出版一套面向青少年的《新能源在召唤丛书》，是及时的、可贵的。两地相距两千多公里，打破了地域、时空的限制，在网络上联络而建立合作关系，本身就是依靠信息科技、发展科普文化的佳话。

上海市老科技工作者协会成立于 1984 年，下设十多个专业协会与各工作委员会，现有会员一万余人，半数以上具有高级职称，拥有许多科技领域的专家。协会成立近 30 年来开展了科学普及方面的许多工作，不仅与出版社合作，组织出版了大量的科普或专业著作，而且与各省、市建立了广泛的联系，组织科普讲师团成员应邀到当地讲课。此次与广西教育出版社合作，出版《新能源在召唤丛书》，每一册都是由相关专家精心撰写的，内容新颖，图文并茂，不仅介绍了各种新能源，而且指出了在新能源开发、利用中所存在的各种问题。向青少年普及新能源知识，又多了一套优秀的科普书籍。

相信这套丛书的出版，是今后长期合作的开始。感谢上海老科协的专家付出的辛勤劳动，感谢广西教育出版社的诚恳、信赖。祝愿上海老科协专家们在科普写作中快乐而为、主动而为，撰写出更多的优秀科普著作。

翁史烈

2013 年 11 月

主编简介

翁史烈：中国工程院院士。1952 年毕业于上海交通大学。1962 年毕业于苏联列宁格勒造船学院，获科学技术副博士学位。历任上海交通大学动力机械工程系副主任、主任，上海交通大学副校长、校长。曾任国务院学位委员会委员，教育部科学技术委员会主任，中国动力工程学会理事长，中国能源研究会常务理事，中欧国际工商学院董事长，上海市科学技术协会主席，上海工程热物理学会理事长，上海能源研究会副理事长、理事长，上海市院士咨询与学术活动中心主任。

众所周知，目前世界上发达的国家依赖于先进高科技，高科技的发展推动了现代文明素质的提高和国民经济的发展。在高科技发展中，科普知识的普及是国民素质提高的基础，因此在科学技术有新发现时应及时向公众介绍。在有条件的情况下，及时地在国民经济发展中应用和推广新技术，有利于发挥高科技成果的作用。

绿色能源是国民经济的命脉，也是发展国民经济的基础。当今世界能源日益枯竭，寻找和开发可再生绿色能源，是解决能源危机的唯一出路，也是开发和利用新能源的最好时机。地热能和可燃冰都是替代型的能源，如果能充分利用和开发，将推动世界经济的发展。所以，用推广科普知识的形式来宣传地热能和可燃冰，让人们去认识和利用它们，是我们义不容辞的责任。

本书比较系统地介绍了地热能和可燃冰的基础知识，利用、开发地热能和可燃冰的进展以及它们的开发前景。介绍中，结合多学科知识和技术，深入浅出地进行论述。

以趣味性、科学性为原则，将地热能和可燃冰的民间传说、神话故事与图片有机结合起来，加深读者的理解，提高阅读的兴趣，使人们认识到地热能与可燃冰在21世纪国民经济发展中的重要性和价值。特别是在现实生活中，“冰火相容”的可燃冰已成为世界公认的绿色能源，即使不可再生能源如石油、煤、天然气等完全枯竭，绿色能源——可燃冰也能供人类使用千余年。这是人们从未想到的，而这个梦想明天将会实现，这是多么令人振奋的事情！

本书在编写过程中，上海韵林公司给予了大力支持和帮助。全书初稿的打印、图片的复制和编排等工作由刘颖人承担，她还提供了部分资料。王建国热情帮助部分图片的复制和修饰；叶希韵、陈红大力相助，提供照片和资料。上海老科协讲师团、广西教育出版社对本书的出版给予了大力支持和帮助，在此一并致谢！

由于地热能与可燃冰涉及科学知识面广，发展又很迅速，而作者水平有限，书中难免存在错误或疏漏等不足之处，恳切希望广大读者不吝赐教和指正。

2013 年 7 月

目录
Contents

目录
Contents

开头的话

地热能是蕴藏在地球内部的巨大自然能。它在地球上分布广，具有储量大、洁净，可直接利用和可再生等优势，博得世界各国的青睐。它潜在能量极大，而且开采前景广阔。因此，它成为解决世界能源危机的希望，也成为 21 世纪重要的替代型绿色能源。

据记载，在两三千年前人类就已经开始利用地热能了。起初人类利用温泉浴治疗疾病，后来逐渐利用蒸汽和地热水提取温泉水中的硫黄、碱、硼等地热资源。由于当时人们对地热能的认识不足，利用很受局限。1812 年，意大利人在拉德瑞罗从热泉中提取硼酸。相隔一个世纪的 1904 年，意大利人科思第一次用地下喷出的蒸汽发电，首开世界上利用地热能发电的先河。19 世纪中叶，冰岛利用地热取暖，成为世界上第一个利用地热系统取暖的国家，到今日它已成为世界上利用地热能最佳的国家之一。目前，世界上已有 80 多个国家利用地热资源，其中以地热采暖最为突出。现在全世界利用地热采暖最先进的前十个国家，是中

地球上各处的地温有很大差别

地球像个大熔炉

国、日本、美国、冰岛、土耳其、新西兰、格鲁吉亚、俄罗斯、法国和匈牙利，其中中国的地热采暖面积占第一位。冰岛首都雷克雅未克被誉为世界著名的“无烟城”，新西兰的罗托鲁阿市90%以上居民用地热供热，被称为“地热城”。

中国利用地热历史悠久，早在唐朝已利用温泉洗浴，陕西临潼骊山温泉华清池因杨贵妃洗浴而闻名。昆明安宁“天下第一汤”、腾冲热海国家地质公园、辽宁熊岳天沐温泉、汤岗子温泉、黑龙江五大连池和吉林长白山天池等，这些温泉都闻名于世。20世纪60年代，我国著名地质学家李四光教授先后在北京和河北组织开发地热，在北京房山打出第一口温泉井，在河北后郝窑利用温泉建立了第一个地热发电站。20世纪70年代后，我国开展大规模的地热资源开发和普查勘探工作，先后在北京、云南、西藏、西安、广东、福建等地区开展地热供暖、医疗保健、地热发电，以及地热在旅游、工农业生产方面的利用，如温室育秧、养鱼育苗等都获得了一定的经济效益和社会效益。随着21世纪绿色能源需求量的持续增长，地热开发必须加快步伐，给人类带来新的曙光。

地热水与蒸汽

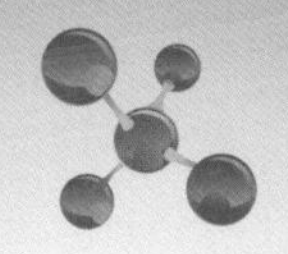

冰火是不相容的，但在大洋和冻土带的盆地深处，存在着可点燃的冰，而且它还是不污染环境的绿色能源。21 世纪世界上石油资源可能告罄，可燃冰的出现和开发给人类带来新的曙光。目前，全世界已有 30 多个国家和地区发现有 116 处可燃冰矿藏和矿化物，这是十分可喜之事。它的储量估计可供全世界使用千年。但是它很容易升华，造成全球性温室效应，这是人们必须去面对和克服的弊端。

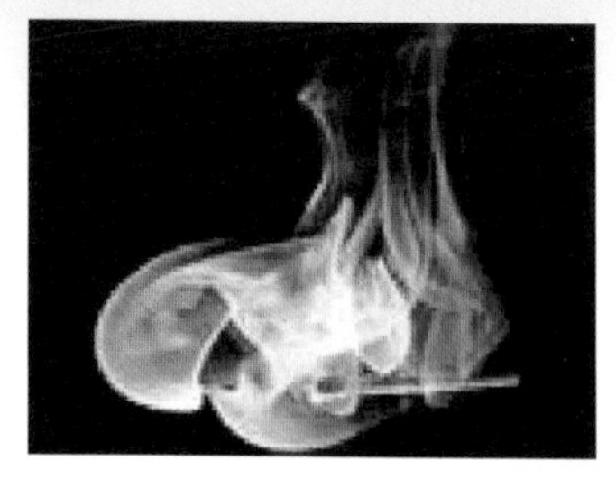

可燃冰在燃烧

可燃冰于 1810 年首次出现在实验室。1934 年，苏联在被堵塞的天然气管道中发现了可燃冰。由于当时尚未了解认识它，未引起重视。直到 1965 年，苏联在西伯利亚永久冻土带中发现有可燃冰，这才引起全世界科学家的重视。据专家们估计，它的能量大约是地球上所有化石燃料总能量的 2～3倍。随后，20 世纪 70 年代至 90 年代，美国在太平洋也发现了可燃冰，苏联在黑海中取得可燃冰样品。美国还在大西洋西部大陆边缘获得可燃冰。1998 年，日本与加拿大合作在加拿大永冻土带打井取得可燃冰的岩芯。1999 年，日本在静冈县获得雪白的可燃冰，并在 2005 年日本万国博览会上公开展示，为各国参观者揭开了可燃冰的神秘面纱。目前世界上几乎所有的大洋及其陆坡区，以及墨西哥湾、Orco 海盆、白令海、北海、地中海、黑海、里海和阿拉伯海等海域，海底都可取得可燃冰样品。北美普拉得霍湾油田、美国阿拉斯加以及加拿大三角区冻土带地区，也发现有大量的可燃冰。

海上怪火之谜

你知道吗

1. 李四光（1889—1971），地质学家、构造地质学家、地质教育家，教授、院士。曾任中国地质矿产部部长、地质力学所所长。他是中国地质学会创始人之一，是中国地质事业的奠基人。他创立了地质力学理论，并应用于地质工作实践，为石油地质工作和大庆油田的发现做出了重大贡献。他指导铀矿地质勘查，为核工业的发展奠定了基础。他开创了地震预报的新途径，倡导和推动了地热资源的开发和利用。他为中国地质事业的发展做出了卓越贡献。

2. 化石燃料，亦称为矿石燃料，是指埋藏在地下的煤炭、石油、天然气等。它们是不可再生燃料资源。它们的蕴藏量越来越少，正面临枯竭的危险。同时它们燃烧后排出二氧化碳和硫的氧化物，会造成温室效应和酸雨，污染大气环境。

1

第一章
地热能

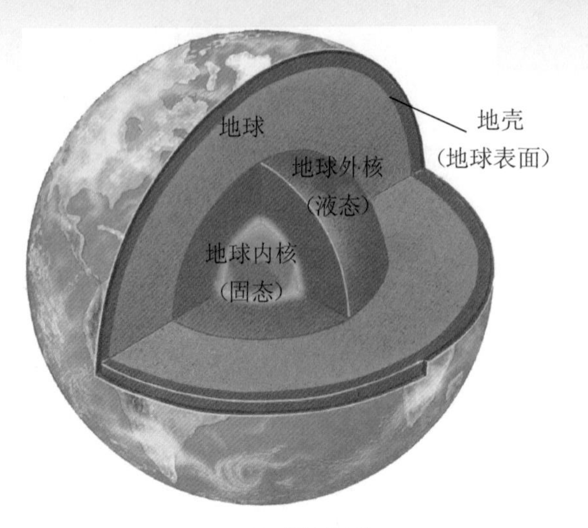

地球的体形

地球是圆的球形体吗?不是，从人造卫星拍摄的照片显示，地球是近似梨形的球形体。从地球表层测试，地球最外面一层是地壳，有山川、森林、海洋、生物等，人类就生存在地壳表层的土地上。地壳的温度并不高，但地球内部地热的温度却高达几千摄氏度。在全球能源危机日益严重的今天，人们设想将地球的大门打开，从地球深部获取地热资源。人们通过卫星技术实现了“上天揽月”的伟大事业，现在人类将再用科学智慧和高科技揭示地球深部的热能，来实现这件异曲同工之事!

第一节　发烧的地球

地热能是从地壳中传导到地表，或从裂缝钻出的。人们都想知道地球内部的温度到底有多高，以至于有人异想天开地想钻进地球内看看。20 世纪初期，有人提出用打钻方法来探索地球深部的温度。苏联科学家在北冰洋的科拉半岛进行打钻，结果打了 18 年，钻进地表 13 千米，轰动了世界学术界。但是地球的半径是 6378 千米，这一钻仅接近地球半径的千分之二。一般情况下，大陆地壳厚度为 60～80

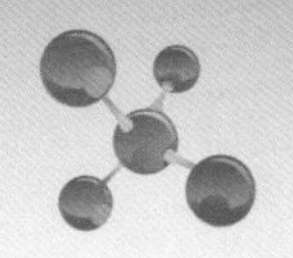

千米，海洋地壳要薄一些，平均厚度为 33 千米。为了察看地球内部的物质和测量其温度，科学家们经过多次研究和实验，成功地用地球物理探测的方法探测到了地球内部的物质和温度，证实地球的内部是一个大火炉。从地壳到地核，物质在不断改变，温度在不断升高，地球在发烧，甚至比发烧更严重。

一　地球在发烧

地球就像一个大熔炉，内部熔融的岩浆和放射性物质的衰变使地球内部温度可达几千摄氏度，其产生的热能通过岩石、裂隙或地下水从地壳的深部传递到表层或表层深部，并在特定的地质环境下，在地下汇集，形成地球上的许多热点。当这些热点具备开采价值时，就成为有经济价值的地热资源。

1. 地球内部是一个大火炉。

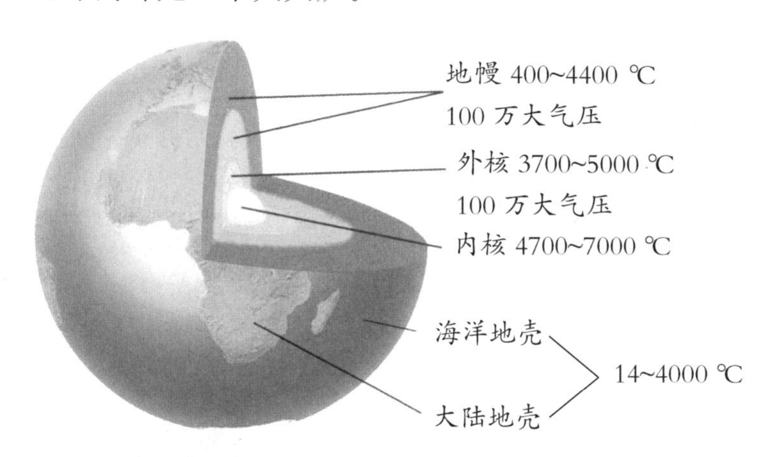

地球结构与体温

地球科学家们通过地球物探测定等方法去探测地球。研究发现，从地壳表面到地球中心，它们的物质不是一成不变的。地球像一个鸡蛋，它可以分为三层，地球的地壳相当于外层鸡蛋壳，地球中层的地幔相当于中间的蛋清，地球的地核相当于内层的蛋黄。也就是说，地球从外到地心是由地壳、地幔和地核组成的。地球科学家发现地球中心至下地幔是一种塑形软性物质，在地表下 1000 千米至 2900 千米

处，压力和温度极高，物质不再像地表岩石呈固体状存在。

通过测量和计算，现在地球内部是一个高温大火炉，而且它在持久性地发烧。从地壳到地核，地温相差极大，科学家们经测试发现，从地壳几米到十余米，通常是常温，这范围称为常温层。穿过常温层深入地下 33 米左右，地温升高 1 ℃。可事实上，不同的地区由于地下物质和地质环境的差异，造成了地下增温的差异，如深入地下 100 米，我国华北平原的地温一般升高 1～2 ℃，而大庆油田却升高 5 ℃。根据地球物理资料推测，在地下 60 千米处，温度已超过 1000 ℃。在地下 400 千米处，有一软流层，地温接近岩石的熔点。到地下 2885 千米处，地温已将岩石变为熔融的塑形体。随后接近地核，这时地温高达 3000 ℃以上。而到铁镍物质组成的地核中心时，地温可达 5000～7000 ℃。因此，科学家们认为地球内部是一个大火炉。

地球在燃烧

2. 地球为什么会发烧？

经过科学家几百年的研究、测试以及深部取样，将地球发烧的原因归纳成三个方面。

第一，地球内部的热源来自地球内部放射性元素的蜕变。有人计算地球内部放射性元素每小时放出的热量，相当于大约 6000 万吨优质煤燃烧所释放的能量。据英国《新科学家》周刊网站 2011 年 7 月 19 日报道，地球外核的对流需要热量来驱动……他们发现大约有 20 太瓦（1 太瓦＝10^{12}瓦）的功率来自地球内部放射性元素的衰变，而现在地球的发热功率大约为 40 太瓦。放射性元素的衰变使地球有足够的热能来发烧，千万年都烧不完。

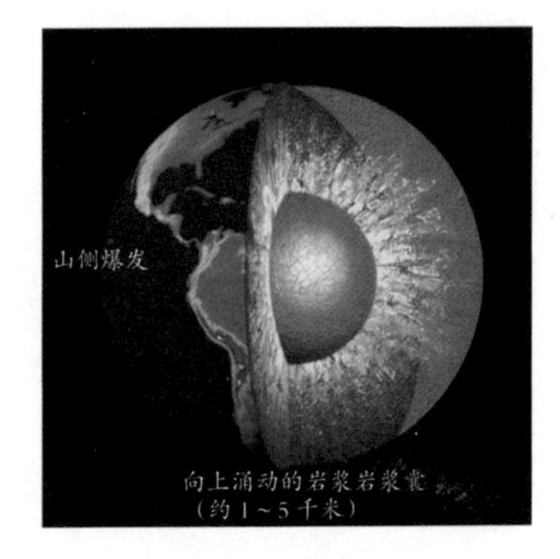

地球内的热源

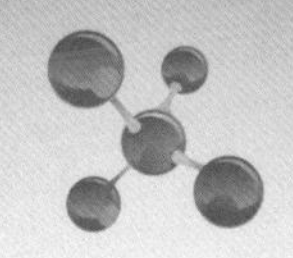

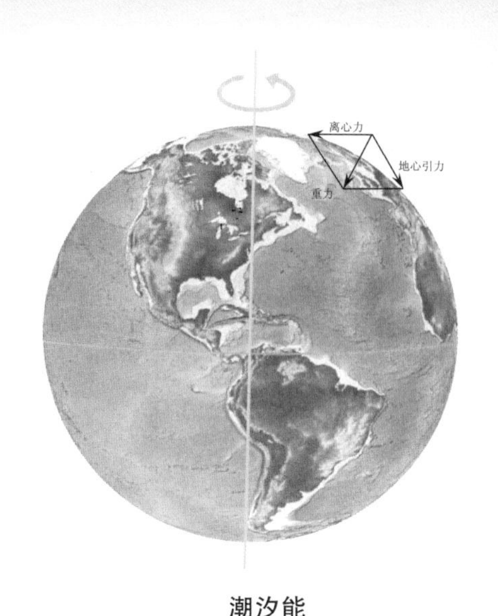

潮汐能

第二，来自地球本身的重力能。地球内部密度大的物质下沉，密度小的物质上浮，由于重力的分异产生位能转换，而且还促使地球板块产生运动，成为地球运动的主要动力，有科学家测算重力分异造成位能转换使地球温度升高 1500 ℃左右。

第三，地球自转与潮汐都会产生部分热能，但它的能量相对放射性元素蜕变产生的热能和重力分异产生的热能来说要小。

3. 地热能的基本概念。

地热能是指地球内部蕴藏的热能，对地热能的研究涉及地球内地热的形成、聚集和分布的规律。

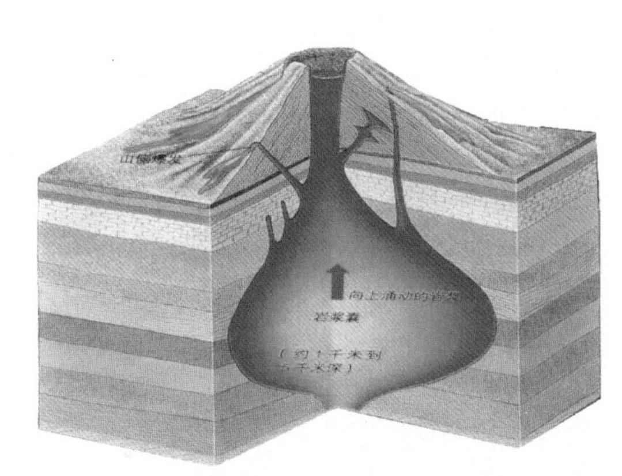

地球内的热源

地球内的热能传递基本方式有三种：传导、辐射和对流。它总的传递规律是由地温高的地区向地温低的地区流动，地热总是由地核或地幔深处向上与地面对流，使深部的地热能传导到地表。

据科学家统计及全球 5000 多个地热流值表明，地热的分布是有规律的：一般在地质年龄最老的、稳定的地区，地热流值低，而年代较新的地质活动带的附近，如太平洋火山活动带、大陆裂谷、年轻的山脉如喜马拉雅山青藏高原等，地温明显升高，热流值高。在大洋中海沟热流值较低，而在岛弧、洋脊的热流值较高。这些事实说明，地球内部热对流导致地壳构造运动以及地震和火山作用的产生。

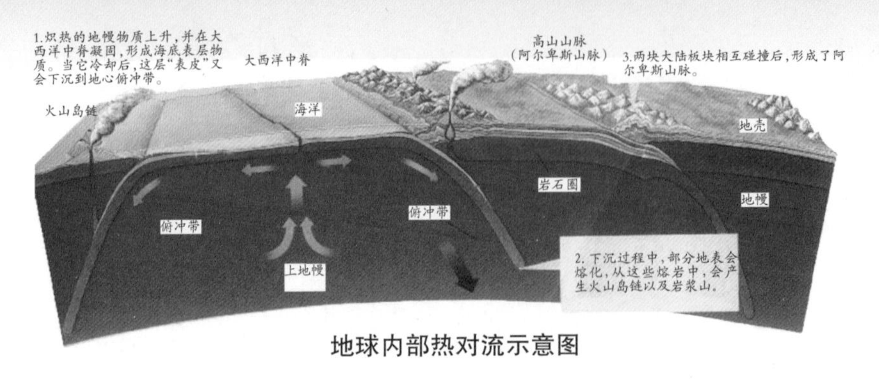

地球内部热对流示意图

4. 地热能是可再生能源吗?

地热能是可再生能源，是因为地热能具备可再生能源的三大特性：一是地热能资源具有再生性。二是地热能不排放二氧化碳，不会造成或增加温室效应。三是全球地热能资源丰富，分布面积广，比较安全，不断再生，能长久利用，适宜就地开发，对保持和发展优质的生态环境有重要的意义。因此世界各国都纷纷创造条件来开发地热能。据科学家测算，全球潜在地热能资源总量相当于每年生产 493 亿吨标准煤。

5. 地热能在可再生能源中的地位。

除地热能外，还有太阳能、风能、生物质能和海洋能等可再生能源。其中地热能是最受欢迎的可再生能源之一，这主要取决于地热能的资源类型多、品质好、安全性好、能量大、利用率高和经济价值无可估量。

太阳能

风能

(1) 地热能的资源类型多，安全性好。

地热能的类型大致可分为五类：蒸汽型、水热型、干热型、深层地压型和岩浆型。这些地热温度从几十摄氏度至上千摄氏度，最高可

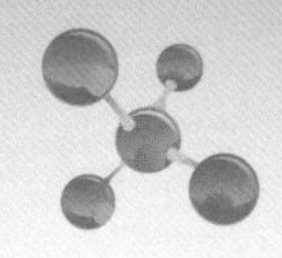

达 1500℃，可应用在各行各业中。而且地热比较安全，事故少，应用广，如工农业、医学、旅游和大众生活都需要它。

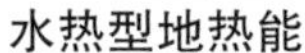

水热型地热能

蒸汽型地热能

（2）地热能的能量大，现在世界上有 80 多个国家利用地热能源。与其他能源相比，我国地热能年利用量居世界第一位。

（3）地热能利用率高，经济价值大。目前，世界各国直接利用地热能进行采暖、加热、发电、烘干、日常生活起居以及旅游等。地热水是一种矿产资源，它富含硫、氡、氟、锂、锌等多种稀有元素和微量元素，具有一定的医疗保健养生作用，特别是深层地热水，它含有金、银、铜等元素，在特殊的环境下能形成一些热液型金矿和重金属矿。地热水还能促进农业种植，发展养殖业等。由于地热区域往往有美丽壮观的自然景观，因此旅游业发展也十分活跃。据 2000 年不完全统计，全球地热旅游产值占旅游业总产值的 42%。

温泉游泳

（4）与其他能源相比，地热开发投资少，时间短，应用范围广，因此地热的经济效益好，发展前景非常广阔。

你知道吗

1. 地球的形成简介。

地球的演化与太阳系的演化的成因密切相关。太阳成因和地球演化很复杂，因此它们的成因假说很多，如17～18世纪有火成论与水成论的论战，进化论与灾害论的论战；19世纪有活动论与固定论的论战，均质与非均质的论战，原始地球是热的与原始地球是冷的论战。20世纪70年代后，以海底扩张和板块学说为主体，至今尚未统一。

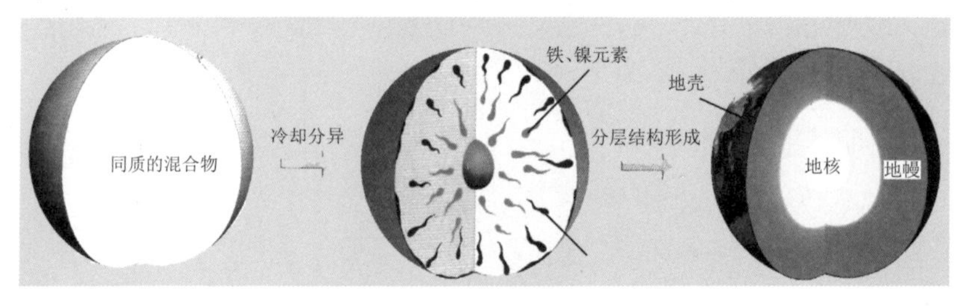

地球的演变

目前多数科学家根据地球物理、地球化学、深部钻探和地面地质资料综合推测：地球原始形成时近于均质体。由于地球自转和内部热能活动，导致内部物质运动加剧和产生分异，形成了地球的地核、地幔和地壳，从而形成层圈构造。大约46亿年前，由于地球内铁镍达熔点发生熔化，形成熔融的金属层，随后，硅酸盐也逐步熔化。在重力作用下，使地球内部较重的铁镍物质向地心集中形成地核，硅镁、硅铝等较轻物质向上移浮，冷却后形成原始的地壳。

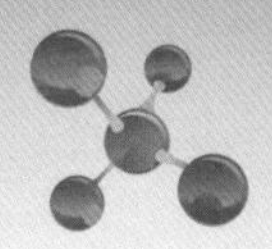

2. 国际因数代号。

国际因数代号表

因数	词冠	代号	
		中文	国际
10^{18}	艾可萨（exa）	艾	E
10^{15}	拍它（peta）	拍	P
10^{12}	太拉（téta）	太	T
10^{9}	吉咖（giga）	吉	G
10^{6}	兆（méga）	兆	M
10^{3}	千（kilo）	千	k
10^{2}	百（hecto）	百	h
10^{1}	十（déce）	十	da

二　前景广阔的地热能

地热能主要来自地球内部放射性同位素的热核反应。如果将地球内部的放射性同位素当作地球上核裂变的燃料（铀、钍），即使世界上每年消耗的能量是现在消耗总能量的1000倍，地球内部这些燃料也足够人类使用100亿年。因此，地热能资源的开发利用前景非常广阔。

冰岛的地热温泉

1. 地热资源。

地热资源具有一定的经济价值，是能为人类所利用的地球内部的热资源。每年地球内部热能向地表传输的量是很大的，但它区域范围较小，而且分散，在目前的技术经济条件下，许多地区仍无法提取和利用，因此还构不成可利用的资源。在地球地壳内岩浆活动和年轻的造山运动带上，能够将地球内热在有限的地域内富集，并具有为人类开发和利用的程度，这种地热能才构成地热资源。

地热资源包括三部分：（1）地热过程的全部产物，如天然蒸汽、热水和热卤水等。（2）由人工引入地热储存的水、二次蒸汽和其他气体等。（3）由地热过程产出或伴生的副产品，如集热、矿物质、水等资源。最常见的地热资源是间歇喷泉、温泉等。

地热资源可用温度分级。高温地热资源 150 ℃以上，可用于发电等；中温地热资源 90～150 ℃，用于发电或工业利用等；低温地热资源中的热水 60～90 ℃，可用于采暖、医疗或工艺等；温热水 40～60 ℃，可用于医疗、洗浴、农业温室等；温水 25～40 ℃，可作养殖、农业灌溉、土壤加温等。

能治病的药泉

2. 地热田。

地热田是指在目前的技术经济条件下，可以采集的深度内，富含有经济开发和利用价值的地热能和地热流体的地域。

地热田一般包括热储、盖层、热流体通道和热源四大要素，它是具有同一的热源和热储汇集的场所，可用地质、物化探方法圈定它的特定范围。

例如俄罗斯堪察加半岛南部的波热特地热田，其热储在波热田河谷中的活火山活动区；盖层是由第四纪火山凝灰岩组成。地热区构造断裂发育成为热流体的主要通道，热源主要从活火山中取得。这块地热田于 1957 年开始勘探，打深井 122 米处，热储最高温度达200 ℃，地温梯度每 100 米可升温 70 ℃以上。1967 年投资建设地热电站，发电功率 11 兆瓦，已成功运行 40 余年。

我国云南省地热也十分丰富，有温泉 600 多处，平均温度在25 ℃以上，其数量居全国之首。云南省位于欧亚板块和印度洋板块的碰撞带上，断裂活动活跃，火山岩浆活动频繁，并伴有地震，具有高温地

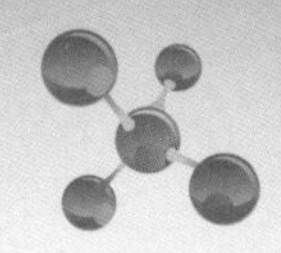

冰火相逼之岛——堪察加半岛

热田的特征。如云南腾冲地热田，热储温度达 230 ℃，属高温热水型，具有很大的发电潜力。

3. 地热异常。

地热异常是指地壳深部热流在上移相对集中过程中，在地表或近地表处形成一些异常现象，如喷气、温度异常、热流异常、重电磁异常、地球化学元素异常、地震、岩浆及火山活动异常等。

区域性地热异常差异很大，它常与区域地质特性相关。如在石油、天然气、盐丘的地区，常与地热异常相伴生或有着密切的联系。因此地热异常有时也可作为寻找某些有用矿产的标志，如石油等。

4. 地热的特点。

地热是一种洁净的可再生能源，它往往以“热点”显示。它有明显的物理特征，如温度、流量、热液密度等参数。它常与火山、地震活动带相伴生，分布是有规律的。

地热是一种绿色资源，它储量大，分布广，热储层多。地热综合利用经济价值高，比如地热水适用于发电、供热、供暖、洗浴医疗、疗养、温室养殖、烘干以及农副业、工业生产上使用等。地热地区自然风光优

清甜的泉水

美，可以开发旅游业。我国西藏羊八井地热站早已闻名于世，北京、辽宁、黑龙江、陕西、云南等地温泉疗养或浴疗也早已深受欢迎。

5. 地热的神话与科学。

冰岛与地热相恋，这可能吗？这不仅有可能，而且已成为事实！

冰岛位于欧洲西北部，是北大西洋上的岛国。冰岛是一个美丽的冰热岛国，从空中俯瞰冰岛，它就像大地上的一朵白玫瑰花。当你进入这岛国的时候，你会看到在蓝天白云下，冰雪的大地，不断有“烟火”升起，使你产生疑惑：冰、火怎么能相容在岛国上呢？好像冰岛与地热产生了“爱恋”，奇迹就此产生。

原来冰岛的地理位置正处于欧亚与北美板块的交接处。虽然冰岛气温低，常年冰雪覆盖，但是，那里有 30 多座活火山，温泉、间歇泉到处可见，烟雾似的蒸气，似烟火升入天空，给人们留下“冰火相恋”的幻觉！

冰岛有着丰富的地热资源，地热使这个岛国成为世界上第一个“无烟岛国”。它的首都雷克雅未克被公认为“无烟城”。实际上，“雷克雅未克”在冰岛语中是“冒烟之城”的意思。“无烟”和“冒烟”相矛盾的美名城市，实际都是由地热恩赐的。

冰岛——一朵白玫瑰花

冰岛人民喜欢在蓝天白云下欣赏被冰雪围绕的火山风光，人们还喜欢在露天泡着蓝色的温泉澡，暖融融的热气渗入体肤，促使人们思念着这冰热之恋似的神话生活。好像在美梦中享受着人间的仙境，这是一件多么美妙而愉快的事情呀！

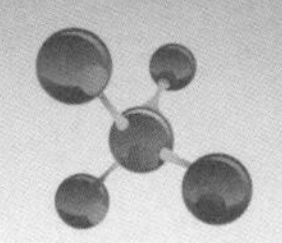

你知道吗

1. 地热流体。

它是地热水、地热蒸气、二氧化碳和硫化氢等的总称。如果地热流体的地质背景不同，地热流体也有差异，能位越高，做功本领就越大。

地热水形成的矿物

意大利埃特纳火山喷发

2. 会喷金、银的火山。

有座火山有非常奇特的现象，它喷烟、喷水、喷岩浆，还会喷金、喷银。这座火山就是意大利西西里岛的埃特纳火山。

意大利埃特纳火山是活火山，历史上曾喷发了500多次，至今还在活动中。火山终年冒烟，到晚上还能见到火山顶在烟雾中火光熊熊。经法国科学家考察，这座火山每天喷出大约2000克金和9000克银，真让人不可思议！这奇观已吸引了众多游客前往观光。

3. 地热增温率（Geothermal Gradient）。

地热增温率又叫地温梯度，它指地球不受大气温度影响的地层温度随深度增加而增加的增长率。实际工作中，用每深100米或1000米的温度增加值来表示地热梯度。在地热异常区，通常用递深10米或1米的温度增加值来表示。地壳平均热梯度是每千米25 ℃，大于这个数据叫做地热梯度异常。

美国圣海伦斯火山喷火

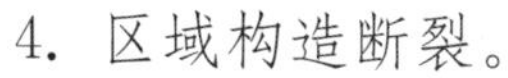

4. 区域构造断裂。

区域构造断裂指在一定区域构造应力场中形成的各种不同性质的断裂构造组合。它的空间分布、相互交切关系和特性，与成因有着密切联系，它是地热的良好通道。

第二节　地热的热显示

地热的热主要来自地球内部，那么是怎样将热能传导到地表的呢？一种是地球内部的岩浆通过内部的压力，将热能从裂缝中释放出来；另一种是热能通过地壳物质传导或渗透到地表，使地表形成温床。地热的传导和热渗透不是杂乱无章的，而是有一定规律的，它受地质构造和岩层控制。

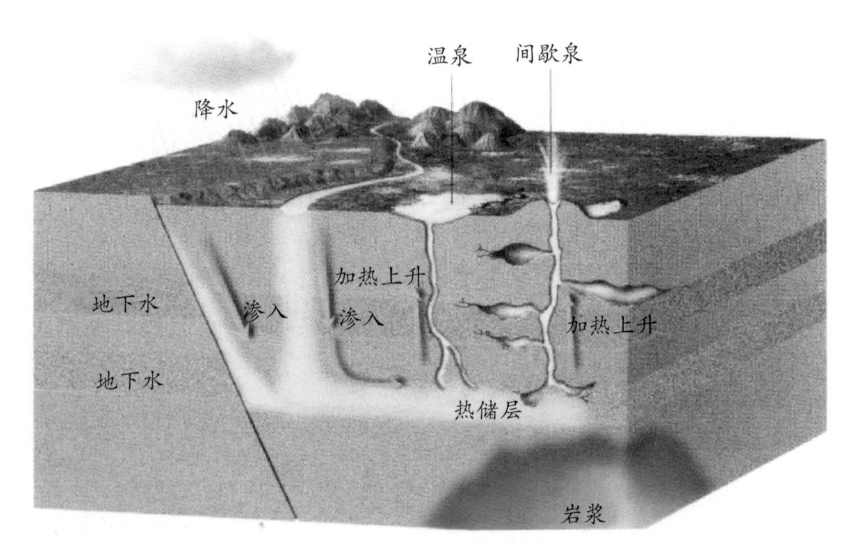

地热的热显示

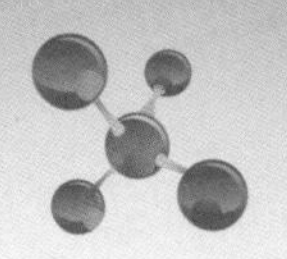

一 地质构造与地热分布

地热主要受地质构造控制，简单地说，地热是受板块构造所控制。它的产生常常与岩浆活动相伴生，如火山喷发区的地热资源比较丰富。现在地质学家常将全球大地构造理论与造山运动、岩浆活动、变质作用结合起来探索地热分布规律，已取得良好效果。由此可见，地热与地质环境是密切相关的。

1. 板块构造与地热的分布。

板块构造是指由于洋底分裂、扩张，板块间的运动和相互作用，形成的全球性板状地质构造。根据板块构造学说，地质学家认为地壳主要由六大板块组成，它们是太平洋板块、欧亚板块、印度洋板块、非洲板块、美洲板块和南极洲板块。除此之外，还有一些小板块联合组成现在的地壳。在这些板块的交接区域范围内，随着板块活动的加强，地震、火山活动也不断增加，伴随着这些地区的地热也更发育。这种活动产生的热物质是岩浆，岩浆侵入地壳内形成地壳下地热的热源，当它喷出地表形成火山时，就形成了以火山为中心的地壳热点的地热能源。

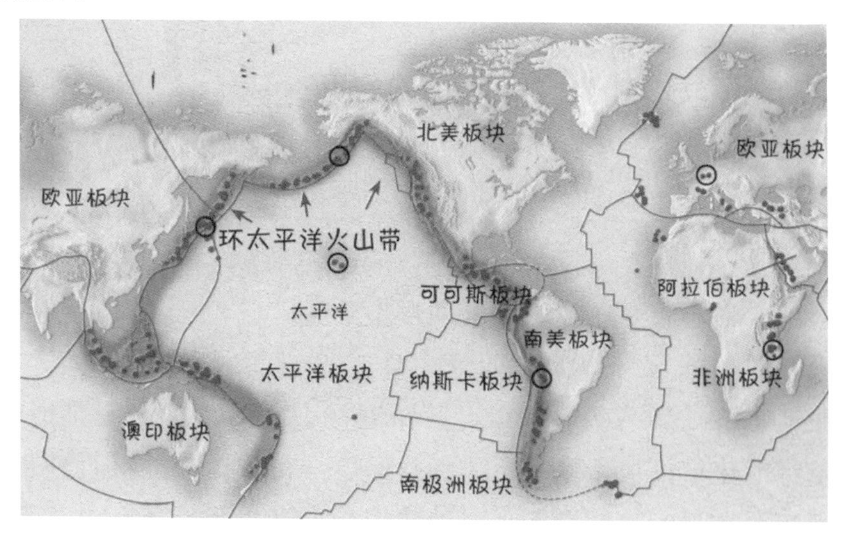

板块构造与火山分布示意图

研究表明，地热分布在热点的中心区域温度比边缘的地热温度要高。地热受板块构造控制严格。按板块构造的特征分为板缘地热带和板内地热带。

（1）板缘地热带。

板缘地热带的边缘有近代火山喷出或有岩浆侵入，是高温地热带必备的条件。全球有四个地热带，一是环太平洋地热带，它的高温地热田比较发育，也是世界上地震、火山发育区。如美国的盖瑟斯地热田，墨西哥的普列托地热田，新西兰的怀腊开地热田，智利的埃尔塔蒂奥地热田，萨尔瓦多的阿瓦查潘开地热田，俄罗斯堪察加的波热特地热田，日本的松川和大岳地热田，菲律宾的蒂威地热田，中国台湾的大屯和马槽地热田，印度尼西亚的卡莫将、布罗德兰兹和卡韦芬地热田等。这些地热田都在太平洋板块与欧亚板块的交接处，是世界上

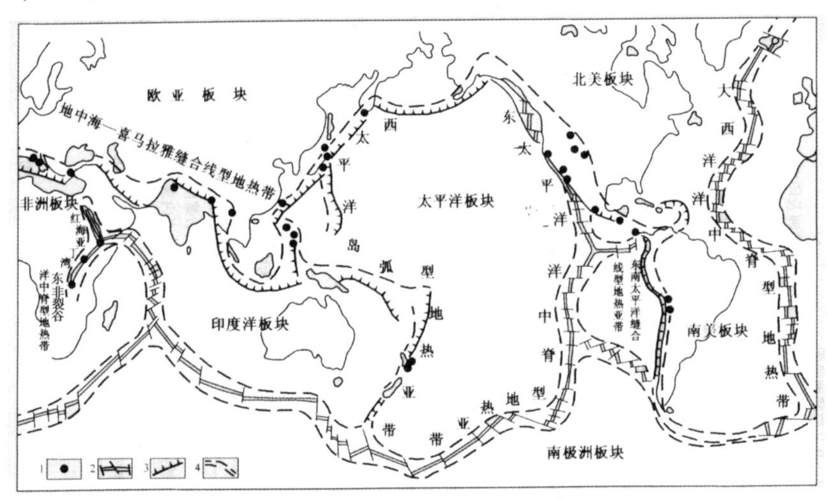

板块构造与环球地热带分布示意图

主要火山、地震发生区。二是大西洋地热带，它位于美洲、欧亚、非洲等板块的边缘部分以及大西洋中脊露出海面的部分，主要包括冰岛、亚速尔群岛的一些地热田，其储温在 200 ℃以上。三是地中海、喜马拉雅地热带，位于欧亚、非洲及印度洋板块碰撞的接合地带。该地热带中意大利的拉德瑞等高温地热田最著名，此外还有土耳其的克泽尔代尔、印度的普加以及我国西藏的羊八井等地热田，热储温度在

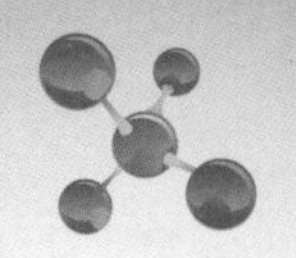

150～200 ℃。四是红海—亚丁湾—东非裂谷地热带，主要包括肯尼亚、乌干达、扎伊尔、埃塞俄比亚、吉布提等国的高温地热田，储温都在 200 ℃以上。

东非大裂谷——地热

它们的共同特征是：①有强大的高温热源；②有良好的隔热层保温；③透水性好；④基底裂隙发育呈断裂带；⑤地热增温高于地壳平均值；⑥热水活动强烈；⑦水质多酸性或强酸性；⑧热水 90％依靠大气降水；⑨伴生矿床，主要有汞、硫、黄铁和辉锑矿等。

（2）板内地热带。

板内地热带指板块内地壳隆起区和沉降区。一般没有火山喷发和岩浆侵入。它的热源是通过地下水深循环获取地温梯度的热量。水源是地下水和大气降水。地温形成热异常一般比异常中心地温梯度高出正常值的 2～3 倍或更高一些。一般板内地热带的水质都是低矿化水，如水中含氟、呈碱性或重碳酸盐钠水质。部分地热常与油田有关，如我国华北油田开发时经常打出热水井。

2. 火山、地震与地热带。

地热带主要分布在板块交接处，这些部位也是地震、岩浆活动最发育的地区。在这些部位上，地热的热量主要从岩浆活动中获取，也

可以这样说，板块活动与地震、岩浆活动是亲密的兄弟，它们处处相伴相生。地热的来源主要是这些区域内地下的岩浆房，如环太平洋地热带板块不断移动，岩浆便从地壳的深处喷发出来，形成了许多地热田。一般地热温度可达 200～300 ℃，最高可达 1500 ℃。

夏威夷火山硫黄

3. 火山、地震与地热相伴生的见证人。

1943 年 2 月，墨西哥南部帕里库庭村一位名叫普里多的农民正在玉米地里耕作，他发现土地发热，一天比一天热，有烫脚之感。他想铲些土覆盖以减轻热度，但温度仍在不断地上升，并从地里不停冒烟。2 月 20 日下午，大地开始颤动，地面出现裂缝，随后出现轰隆隆的巨响，轻微地震使地面发生抖动。这时浓烟和蒸气从裂缝中钻出，灰色的烟柱越涌越高。第二天，玉米地那个喷烟的裂口周围已堆成一个 10 米高的小丘。一周后，这小丘又增到 100 米，从小丘的口中流出了黏稠的岩浆，温度达 100 ℃以上，将整个村庄吞掉。这座火山叫帕里库庭火山。农民普里多成为这座火山的见证人，也见证了这地里的地热与火山岩浆活动有关。据科学家报道，这种黏稠的岩浆在地下岩浆房（热点）时温度为1000～1200 ℃，属基性岩浆房。这也是一般火山地区地热发育、温泉多的原因之一。

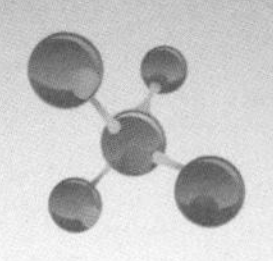

4. 富士山温泉变色记。

火山、地震不但与地热相伴生，它还会使温泉变色。2012 年 1 月 28 日清晨 7 时 39 分（北京时间 6 时 39 分）和 7 时 43 分，在日本富士山山麓的富士五湖发生两次里氏 5 级地震，震源深度 18 千米。据报道，地震发生时人们感到大地在抖动和摇晃，持续三四分钟。过后在富士五湖附近的经营者们发现，他们经营的温泉开始变色。2011 年 3 月 22 日，日本发生里氏 9 级大地震后，日本各地的温泉也纷纷出现色变异常的现象，有的温泉出水量突增，还有的温泉短期断水，温泉水质发生变化。

科学家们认为温泉水的色变现象与泉水中的矿物质有关。如含矿物质硫酸铁时，温泉通常呈现淡绿色；当温泉水中含有氧化铁时，泉水呈赤褐色；而含有硅酸盐类时，泉水常呈青色。地震发生前后温泉水位或地下水的水位发生突升或骤降，这是地震发生前后地下的应力变化所致。当地应力发生强力挤压时，水位就会突升，甚至会引起井喷；当地应力发生松弛时，水位就会下降，直至地应力正常后，温泉或泉水水位才能逐渐恢复正常。这种现象在地震、火山喷发区常常能见到。

1. 地热资源地质类型。

按地热资源形成中的热储层、热储体盖层、热流体通道和热源，可将地热资源地质划为分三种类型，即近期岩浆活动型、断裂裂隙型和沉降盆地型。

地热资源类型，可根据它的储存形式分为三种类型，即蒸气为主的地热资源、水为主的地热资源、地压型地热资源。地压型地热资源指流体的压力、温度异常，超过盆地中沉积层岩的压力而产生的地热资源。此外，还有干热岩型地热资源（指埋藏浅、温度较高的热岩体产生的地热）和岩浆型地热资源。

2. 热矿泉。

凡温度高于25 ℃的矿泉都可称为热矿泉。

热矿泉常将含矿物盐或气体的地热水出露于地表。由于水中含有矿物盐，它喷出的泉水具有特殊的味道，如硫化物有硫黄味。这种热矿泉常具有医疗作用。

常见的热矿泉有盐泉、硫黄泉、氡泉、碱泉、碳酸泉、苦泉和矾泉等。

冰岛热泉

3. 地应力。

地应力是指地壳或地球体内的应力。它一般包含地热、重力、构造运动及其他因素产生的应力。地应力活动可影响到地壳内岩石、矿物的物理和化学性质，因此，常利用这种物理和化学性质的变化来分析地应力的活动情况。

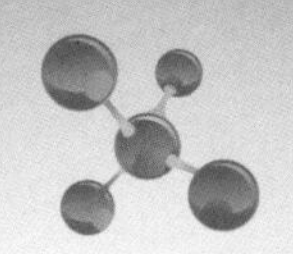

二　地热有哪些热显示标志

地壳深部的热流通过通道在地壳浅层处富集或迁移到地表，使这些地区的地表出现地热异常。最常见的热显示，是地表热异常；其次，通过火山岩浆活动和地震等异常间接判别；再次，通过仪器测定地热的地球物理和地热的地球化学的特性，来判别地热的显示。地热显示有下列标志。

1. 火山爆发。

火山是由地球内炽热的岩浆通过地裂涌向地表，温度可达几百摄氏度至上千摄氏度，造成地温升高。在火山爆发后期有许多喷气孔出现，喷气孔喷出的气体或水蒸气除温度高外，常含有许多化学元素，如美国夏威夷冒纳罗亚火山岩浆喷发后不断从气孔中喷发出二氧化硫、氟化氢、一氧化碳等气体。人们较长时间待在喷气孔附近就会感到恶心、窒息。由于地温高，游人的脚会感觉到地表发烫。日本的富士山火山在半山腰的喷气孔喷出大量二氧化硫和硫化氢，形成火山旅游一景。

2. 沸泉。

地热地区泉是发育程度较高的。在火山喷发间歇期往往出现许多地热泉。地热泉有不同温度的泉。

沸泉，它是地球深部的高温热水通过裂隙或断裂喷出地表，其温度可达 80 ℃以上，一般都在活火山附近出现。如我国长白山火山，虽然已停止喷发活动 270 余年，但至今温泉仍很多，个别温泉温度可达 80 ℃以上。我国西藏拉萨市西北羊八井地热泉也是高温泉，温度可达 110～170 ℃。由于温度高，泉水沸腾汽化后喷出地表，形成爆炸式热泉。沸喷泉一般出现在具有特殊排水条件的地区，如深切峡谷。我国藏南、滇西和川西等地，都有规模和强度不等的沸泉，最壮观的沸泉，除羊八井外，还有毕龙沸喷泉等。

你知道吗

玛旁雍措湖——西天瑶池

玛旁雍措湖位于西藏神山冈仁波钦以南，纳木那尼雪峰北侧，海拔4588米，碧蓝的湖水映出白云雪峰，景色十分优美。它是中国最高的高原淡水湖。1975年11月12日，在湖的东南曲普的温泉突然发出巨响，水汽云雾冲上八九百米高空，温泉发生了热爆炸，牛羊四处奔逃，岩石碎块被抛至千米以外，景观壮丽。

印度传说中的玛旁雍措，是湿婆大神和他的妻子喜马拉雅山的女儿沐浴的地方。西藏藏族百姓传说，这是古代广财龙神居住的地方。玛旁雍措在藏语的意思是“永恒不败的碧玉湖”，玛旁也是佛教纪念地。

我国唐代高僧玄奘所著的《大唐西域记》中，称玛旁雍措是西天瑶池。佛经中称它为“世界江河之母”，是圣湖。当地历来朝圣者都到此湖转经、洗浴。佛徒们认为圣水能洗掉人们心灵上的贪、嗔、痴、怠、嫉等五毒，使人的心灵到肌肤上的污秽永远消除。

3. 热泉和温泉

温泉指泉水的温度低于45 ℃的热水露头；热泉指泉水的温度高于45 ℃，而低于水沸点的热水露头。世界各地的热泉和温泉都很发育，如日本、新西兰、冰岛、印度尼西亚、马来西亚等国家普遍存在，我国辽宁、吉林、黑龙江的温泉、热泉较发育。

4. 间歇泉。

它是地下的热水和蒸气间断性地喷射的水泉。世界上温泉数不清，间歇泉仅有千余处。间歇泉定时或不定时向外喷射形成特殊的景色，受到人们的喜爱。太平洋上新西兰的火山区，间歇泉较多。在冰

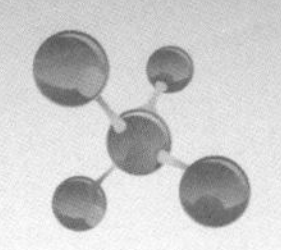

岛，间歇泉有800多处，其中最著名的是盖锡尔间歇泉。该泉外形呈圆形，直径约18米，中央泉眼2.5米，泉深约23米。泉水温度在100 ℃以上，手接触它会被烫伤。它间隔2～10分钟喷射一次，高度可达70～80米，5～10分钟后逐渐平息。它周围还有许多小型热泉喷射，喷射时还会发出响声，由小变大，景观十分壮观，成为自然奇观。

斯特龙博利火山间歇双泉

5. 沸泥泉。

沸泥泉在热泉中充满着稀泥浆。泥浆大多从热泉通道中或周围围岩被热水蚀变的岩石和矿物中获得，如方解石化、白云化、绢云母化、高岭土化、沸石化等。如果沸泥泉处于低温状态，它可以用来治疗疾病，如关节炎、皮肤病等。沸泥泉常与热泉和间歇性泉相伴生。如拉丁美洲的巴巴多斯岛东南沿海深处发现一座泥火山，喷出滚滚的沸泉。印度尼西亚东爪哇岛有一泥火山，每天喷出沸泥100万桶，当地人们曾想用水泥封堵而未成功。

沸泥泉

沸泥浆

6. 泉华。

地下热流和蒸汽在流动中，因温度和压力等条件发生变化，将溶解围岩的矿物质在岩石裂隙或地表面上沉淀而形成不同色彩和形态的沉积物称为泉华。最常见的泉华有盐华、硫华、钙华和硅华及金属矿物等。我国吉林长白山天池温泉中，有黄色的硫华和褐红色氧化铁，西藏、云南等地泉区也多常见。由于泉华是深部热水向上沉积的化学

土耳其的帕莫卡莱温泉造就了令人叹为观止的钟乳石

沉积物，它的特性带来地壳深部的信息，因此受到科学家们的重视。

大家都知道土耳其爱琴海有着令人陶醉的风光，却很少知道它有一个由温泉造成的棉花堡。据传说，古时有一个年轻的牧羊小伙子，名叫安迪密恩，他爱上希腊瑟莉妮月神。他只顾与月神相会，竟忘了挤羊奶，没想到羊奶自溢流出，覆盖了整座丘陵。羊奶洁白如棉，造成了这座棉花堡。实际上此地是著名的喀斯特岩溶地貌，如我国山水甲天下的桂林。但棉花堡在碳酸盐岩下有温泉，水温36 ℃，温泉水将碳酸盐岩溶解后再沉积，形成层叠式的景观。地质学家将这种现象称为钙华，土耳其的棉花堡就是由温泉的泉华造成的。

7. 水热矿化。

高温的地下热流和蒸气沿通道上升时，与围岩发生化学作用，除产生泉华外，还将一些金属和非金属矿物沉积下来，这就是水热矿化现象，如西藏羊八井的硫黄矿。美国的索尔顿地热湖蕴藏着丰富的热卤水资源，水温在300～360 ℃之间，是典型的富钾卤水。热卤水温度降低时就沉积出黄铜矿、黄铁矿、毒砂、硫铜银矿、黝铜矿等。俄罗斯堪察加半岛上的火山口，喷出热液形成汞、锑、砷等一些矿物。

棉花堡

8. 毒温泉。

大家对温泉都有好感，很少想到有些温泉会有毒。据报道，我国云南腾冲、会泽、曲靖一带铜矿资源丰富，热泉也很多，泉水温度高达40～90 ℃。热泉水在地下将铜矿溶解于水，并在铜杆菌的作用下

形成胆盐。人喝了这种热泉水，就会出现中毒现象，如恶心、呕吐、腹泻、言语不清，最后虚脱痉挛而死。因此，当地人称这种热泉为哑泉。古人有记载："此水沸着热汤，人若浴之，皮肉脱而死，名曰灭泉。""毒泉水色黄绿，有咸味，人饮之发疟疾，畜饮之则脱毛，毒水遇手足皆黑而死，故称为黑泉。""柔泉，其水如冰，人若饮之，咽喉无暖气，身躯软弱如绵而死。"

传说三国时，诸葛亮南征，四擒四纵孟获。孟获逃到秃龙洞讨救兵，洞主让孟获引蜀兵进入毒泉处，等蜀兵食毒泉后必死。蜀兵探兵来后，天热，人马争喝哑泉水，结果都张口不能说话。后经隐者老道的指点，说深山处有一泉叫安乐泉，喝后能解毒。果然，蜀兵喝了安乐泉后，都恢复了健康。这时老道指点此处还有毒水，切不可饮用。可另行掘泉饮水，于是蜀兵无恙，最后五擒孟获取胜。

不管是叫哑泉，还是叫灭泉、黑泉、柔泉，说明泉水中含高浓度的有毒金属化合物，人食之或皮肤接触后会造成死亡，人们应该提高警惕。

9. 其他有趣的泉眼。

我国云南腾冲曲石乡龙川江支流的山崖边，有一个骇人听闻的扯雀塘毒气泉。随泉水而出的毒气有一氧化碳、二氧化碳和硫化氢等。毒气升天，飞鸟经过都会被毒气熏晕纷纷坠入塘中。

云南南安县有个叫"三潮圣水"的报时泉，每逢子卯午酉时辰时，泉水从石雕的水龙口中准时喷出，先是风声呼呼，水沫飞溅，过两三小时又突然断流，时间把握十分准确。但每遇枯水期，该泉干涸。它与美国黄石公园的"老忠实泉"十分相似。

广西白石红庙沟有一个"喊水洞"，当地人称它喊泉、叫泉、骂泉。这个泉眼平时水量很少，甚至滴水不流，但如果你站在泉眼前叫喊，就会有哗哗水流喷涌而出。

贵州平坝县城西南面有个叫下头铺的村子，村子里有个"喜客泉"，应人喧哗鼓掌，泉洞就会冒出水泡，人们又称它为"击掌泉"。

你知道吗

1. 三色湖。

美丽的三色湖位于印度尼西亚努沙登加拉群岛上的克利穆图。火山顶上有三个湖，由左到右，左湖艳红色，右二湖为碧绿色和淡青色。经科学家查实，艳红色是含铁的氧化物，碧绿色和淡青色都为湖中有丰富的硫磺所致。湖水的颜色在阳光照耀下一日多变，造成奇异的景色。

2. 火山（volcano）。

地壳深部的岩浆，经过运移，穿切地壳喷发到地表，形成特殊结构和形态的地质体。根据火山喷发的物质性质、喷发形态特征以及火山喷发通道的大小可分为：中心式喷发，如夏威夷火山、长白山火山等；裂隙式喷发，如冰岛型火山喷发；裂隙一中心式喷发；区域喷发和水下喷发，如海底火山喷发以及冰下喷发等。

3. 火山机构（volcano edifice）。

火山机构是指火山喷发时在地表形成的各种火山地形，如火山锥、火山颈、火山通道、火山穹丘、火山口、破火山口和熔岩高原等，如长白山天池是火山口，长白火山是锥状火山。

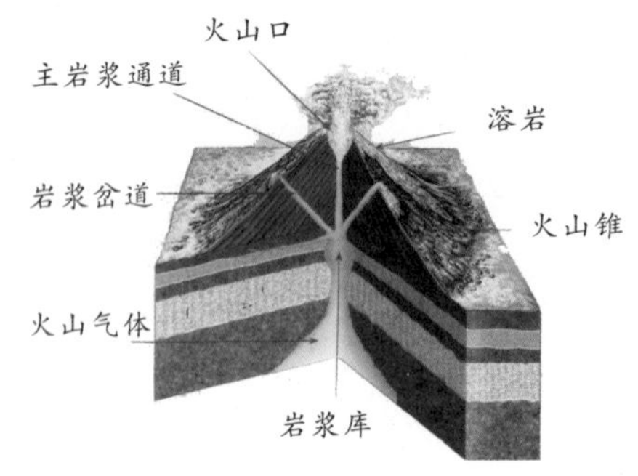

火山机构示意图

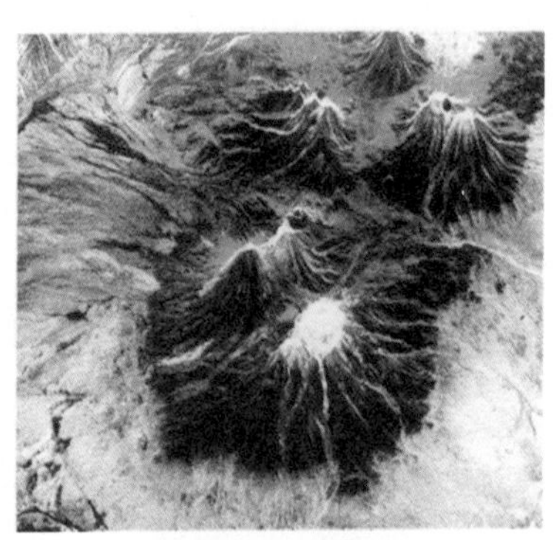
堪察加火山地貌

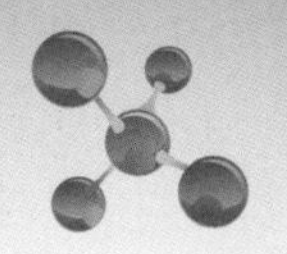

三　神奇的传说和真事

世界上有很多关于地热的神奇传说、故事。地热不仅地表有，海洋中也广泛存在。这是真事，你继续往下阅读，就知道地热是多么奇妙！

1. 神奇的传说。

位于吉尔吉斯共和国东北部帕米尔高原的北面，天山中段终年积雪的山岭之中，有一终年不冻的大湖，这就是伊塞克湖。吉尔吉斯语为“热湖”，中国称它为“热海”“清池”。由于热海水含咸味，因此又称它为“图斯池”，意思是盐池。

该湖有个神奇故事，传说远古时天山山麓下有位牧羊美女，年轻姣美。她放羊到山中时，遇到一位骑着白马、迷了路的英俊少年。少年问牧羊女山路去向后，迷上了牧羊女，并从手上摘下戒指给牧羊女戴在手上：“我很快会回来，只要这戒指在，你将远离任何灾难!”之后，这山区有许多人倾慕牧羊女的美貌向她求婚，姑娘总回答“我已有心上人了”。在求婚者中有一位当地官员，带着重礼求婚，同样遭到拒绝。官员让公差将她抢到城堡里，在劫持过程中，姑娘手上的戒指掉了下来，直滚到山下无法寻找。到了官员的城堡后，姑娘宁死不从，纵身跃出窗外，从悬崖跳入谷中。这时地动山摇，山谷中涌出一股发热的洪水冲向城堡，把官员的城堡淹没了。洪水不断变大，使这个地方变成现在的热河——伊塞克湖。

据科学家对伊塞克湖考察证实，伊塞克湖的湖底的确有古城堡的足迹。湖区有丰富的资源，是吉尔吉斯共和国的粮食、畜牧业基地。湖区鱼类丰富，还有珍贵的鸟类。该湖气候宜人，风景优美，还有许多温泉和矿泉。这说明热湖与地下热泉密切相关。20 世纪 70 年代起，伊塞克湖已成为世界旅游胜地。

2. 海底的黑烟囱。

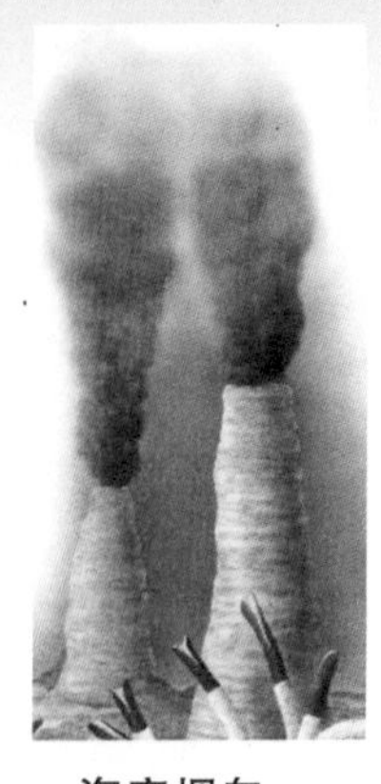
海底烟囱

1979 年，科学家乘坐一艘美国的“阿尔文”号载人探险器到东太平洋隆起区，他们不断往下潜，从 2000 米潜至 2500 米，最后潜到 2700 米深水处时，潜水员发现正在冒黑烟的烟囱山口。他们想水下是不可能冒黑烟的，应该是矿物质的悬浮物。这时他们测得海水温度是 32 ℃，比其他区域的海水温度高。他们回到海面时发现，他们的温度计的顶端已被烧焦和熔化了。他们惊疑地想，海底的温度到底有多高？

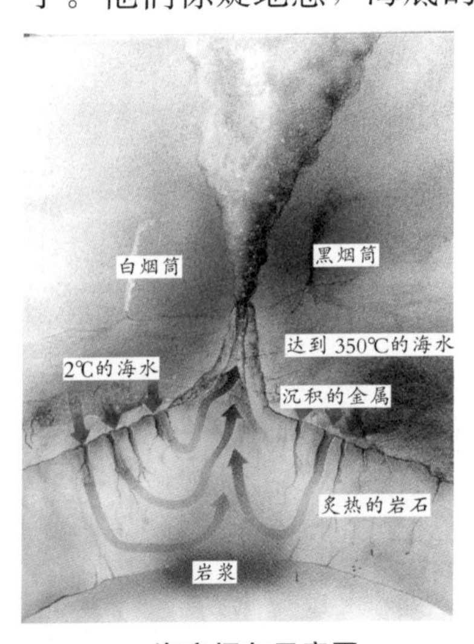

海底烟囱示意图

第二天，他们又再次下潜，这次带了耐高温的测温计。当他们将测温计置于烟囱口不到 3 米处时，不可思议的是，测温计已显示 350 ℃。经过 12 天的观察，发现有冒着白色和黑色两种烟的烟囱，高达 9～10 米，直径约 25 米。正在冒白烟和黑烟的烟囱周围，还有一些 5～10 米高的空心烟囱，已经不再冒烟了。烟囱周围的海水温度骤然上升，最高可达到 400 ℃左右，这里深部的海域已成热海。这时他们意识到这烟囱是海底热泉造成的，烟囱口主要物质是由硫化锌晶体组成的。研究证明，这是海底裂谷和地热热液在喷出口进行循环，从而形成独特的化学物质组成。科学家们将这种独特的现象和生物群建立起海洋地热新的“体系”——海底黑烟囱。

此外，“阿尔文”号探险器不但发现了海底热泉，而且从采来的样品中发现其铁、锰含量很高，含铁量可达 39.9%。样品中还有少量的钡、镍、铜、锌、汞等金属硫化物。这些发现给人们一个新的理念和信息，海底热泉的热流将要成为世界新的宝贵资源，也将成为世界各国所争夺的能源目标。

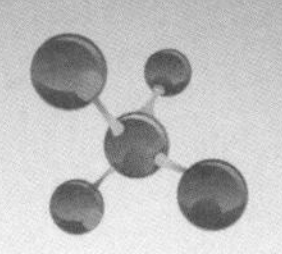

3. 海底热泉生物。

当海底热泉温度在 400 ℃以上时，有些海底生物不可思议的还在悄悄地繁衍着。海底热泉生物的特点是：耐高温高压。维持其生命的食物是硫化氢、金属离子和其他化学物质，所以绝大多数海底热泉生物是有毒的，如管虫、巨蛤等。在深海 1600 千米处的热泉，生长着巨型管虫，它与数十亿细菌共生。细菌成为巨型管虫的营养物。其他生物如宠贝蠕虫、热泉蟹等生活在 80 ℃的热水中，有异常惊人的繁殖力。

4. 老忠实泉。

美国黄石公园是著名的休眠火山区，有数不清的泉眼，到处都能见到喷气孔、多彩地热池、沸泥池、热河和间歇泉。间歇泉不定时地喷发，热水和蒸气喷向天空，高度达 30 米以上，最高可达 60～70 米。其中最有名的是老忠实泉，它定时喷发，每隔 66.5 分钟喷发一次，每次坚持 5 分钟，水柱高达 40～60 米。每次喷出热水有 1.5 万升至 4 万升。因为它很有规律，终年都守着纪律，大家给它一个美名“老忠实泉”。公园内还有一口炉口泉，水中含金属离子，在阳光照耀下，泉水呈鲜艳的蓝色，十分漂亮。

老忠实泉

间歇泉

俄罗斯堪察加的维族利干喷泉，每隔 3 小时喷发一次。

我国西藏多雄藏布河流域的塔格架间歇泉，最高可喷到 20 余米，但不定时。它是目前我国喷得最高的间歇泉。

5. 西藏地热资源。

西藏是我国地热资源最丰富的地区之一。全区地热有 700 多处，其中可供开发的地热显示区有 342 处，大部分水温超过

80 ℃。西藏中高温地热资源主要分布在藏南、藏西和藏北。在西藏境内各县都有地热显示，比较集中分布在藏东“三江”地区、阿里地区和雅鲁藏布谷地等，地热放热强度居中国首位，如有的天然地热量达到 450 焦/秒，矿化度高而复杂，矿化资源十分丰富。其中以羊八井地热田最为著名。

雅鲁藏布大峡谷

西藏羊八井位于拉萨的西北，距拉萨 91 千米处，海拔高度 4300 米，它两侧山峰高达 5000 米以上，发育着现代冰川。羊八井地热田面积约 17 平方千米，是目前我国最大的高温热湿蒸气地热田。它的显示标志有温泉、沸泉、间歇泉、热水河等。除此之外，还有喷气孔、热爆炸穴等。羊八井地热的水温已达到沸腾程度。由于内压力大，温度高，常发生罕见的爆炸，形成闻名于世的少见的爆炸泉和间歇性温泉。它可与美国黄石公园的喷泉媲美。它所汇成的水域形成的热水河和热水湖常形成一些奇异的景色，已成为西藏旅游业的主要景点之一。

西藏羊八井景观

羊八井温泉由于温度高、压力大，是我国利用高温热泉发电最理想的地热田。羊八井地热田一年释放的热量相当于 300 万吨标准煤完全燃烧，可发电量 80 万～100 万千瓦时。目前仅利用5%～10%。因此它的潜力很大。

羊八井温泉中含有大量的硫化氢，它对慢性疾病和关节炎等有治疗作用。羊八井温泉水温较高，自然环境优美，可将它开发成温泉疗养、露天温水游泳等特色旅游项目，结合远处的雪山景色，头顶蓝色的天空和飞舞的白云，人在池中仰天相望，真像幻想中的人间天堂。它又给人如入仙境之感，这是其他旅游城市无法与之相比的。

6. 温泉奇境。

在太平洋上有一个罗托鲁阿—陶波地热区，它是太平洋上火山区形成的地貌景观。这里有许多的湖和不同的温泉汇集在一起，形成景色优美的太平洋温泉奇境。温泉温度高达 120℃以上，热水和蒸汽经狭窄的喷气口喷射而出，由于泉温高，游人不敢接近它。喷射的泉水还会发出像古编钟音乐的叮咚声，其中有一个叫“威尔斯王子羽毛”的间歇泉，它在喷射热泉时发出轰隆隆的声音。由于喷射压力大，在高空绽放烟花式的水珠。泉水柱最高可达 40 余米。当下落时，热泉又像白孔雀洁白的羽毛，景观十分壮美。故此，人们赋予它一个美名——“威尔斯王子羽毛”间歇泉。

传说此地是新西兰毛利人的祖先定居的地方。他们有许多神秘的祖传文化，每家都有自己的传家宝，代表着他们祖先的荣耀。如神圣的权杖和绿玉石的项链，他们以此为荣，世代相传，发扬光大。毛利人的村舍与西洋式的红顶粉墙，以及星罗棋布的火山湖和烟雾袅袅的热气，形成了景色优美、生机勃勃的温泉奇境。

7. 最古老的温泉。

洛伊克巴德温泉是目前世界上最古老的温泉，它在公元前 753 年古罗马时代，因帮助士兵治疗伤病而闻名，至今这温泉所在的小镇依然保持着原始的风貌和原始的状态。

洛伊克巴德温泉在瑞士境内，位于阿尔卑斯山塔米纳山脚下，盖米山口处，海拔高 2000 米左右。泉水流量 3900 万升/天，水温约 51 ℃。小镇原是牧民每年举行节日庆祝的场所。在小镇中心广场边还有一个小井盖，上面标注着当年罗马人发现洛伊克巴德温泉的年代。目前小镇上已有 22 家温泉洗浴中心，历史上如歌德、莫泊桑、马克·吐温、大仲马、毕加索、柯南·道尔等著名人士都曾在此洗浴理疗，小镇虽小，却早已是世界上赫赫有名的小镇。

由于洛伊克巴德温泉是一个室外温泉，它的四周被雪山所包围，温泉与雪山落差有 300 米，因此在泡温泉时可一边尽情享受温泉浴之美，还可欣赏如画的阿尔卑斯雪山。现在又增加了室内温泉，如温水

洛伊克巴德温泉一角

浴池、蒸汽浴池、儿童浴池和室内外游泳池。除此之外，还有裸体入浴的爱尔兰—罗马浴堂、桑拿以及格拉宏美容保健等设施。它还提供 130 多种不同的理疗方式，以及印度、泰国、法国、美国的特色服务，还有世界顶级的医疗中心，使游人一到洛伊克巴德温泉后，就感到处处舒服、自然。陶醉于温泉的舒适平和环境中，使游人精神上放松下来，达到休息和疗养的目的。因此，洛伊克巴德温泉已成为最古老又现代化、世界著名的温泉疗养胜地。

你知道吗

会喷冰块的火山

大家都知道火山会喷水、冒气或向外喷射岩浆流，火山是地热的主要来源，怎么火山会喷冰块呢？据记载，在中国古代曾发生过，现在的冰岛也发生过火山喷冰块现象。

火山喷冰

冰岛南部喀里斯维火山于 1984 年 10 月再次喷发。这次喷发与往次不同，不是喷出火山的熔岩、火山灰和气体，而是无色透明的冰块，冰块连续两周向空中喷出。一般每秒喷出约 42 立方米，最剧烈时每秒可喷出 2000 立方米，

总量达数千立方米。

为什么火山会喷冰呢？原来火山在平静时期，常年被厚层的土壤和大量的冰雪覆盖，当火山苏醒时，火山爆发将火山口和顶部的冰雪掀开，大量的冰雪结成的冰块从火山口喷射到空中，造成冰与火相容的假象。冰岛火山平静期愈长，冰雪累积愈厚。随着火山喷发活动频繁发生，火山喷冰已成为冰岛火山奇观异景之一。

第二章
地热资源的应用

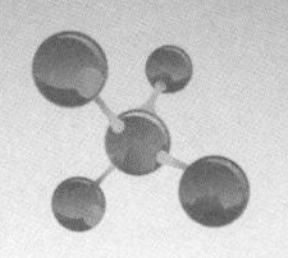

2010 年世界地热大会的主题是“地热，改变世界的能源”。这口号是恰如其分的。现在，全世界在使用地热能的实践过程中，都认识到地热资源将是 21 世纪人类社会不可缺少的绿色能源。由于地热资源具有本土化、可持续和可再生的优点，许多国家认为地热资源的开发和利用可以减少对进口化石燃料的依赖，还能减轻对大气的污染，是一种理想的清洁能源。因此，地热资源能否利用好，已成为 21 世纪世界发展国民经济中重要的策略问题，地热资源也将成为可持续、可再生能源的中流砥柱。

近距离观察地热能

你知道吗

中流砥柱　语出《晏子春秋・谏下》：“吾尝从君济于河，鼋衔左骖，以人砥柱之中流。”中流指河流之中；砥柱指河南三门峡东的一个石岛，屹立于黄河的激流之中。

在能源短缺的情况下，地热资源将起到支柱作用。

第一节　为人利用的地热资源

地热资源是一种清洁能源，它也是具有医疗、保健和工业、农业等多种用途的资源。随着国家经济的发展，人民生活水平的不断提高，人们更加重视身体的健康，地热资源能给人们生活和保健带来巨大的效益。

地热能

开发地热资源，一是可解决21世纪能源短缺问题；二是为经济发展服务；三是改善城镇生活环境，为脱贫致富服务；四是利用地热资源提高引资能力；五是提高生活质量，保护生态环境。例如福建省安溪县用地热水资源改造煤锅炉，这种做法既改变了城区公共环境，又吸引了外商前来投资，促进了经济发展，加快了脱贫致富的步伐。

我国全面利用地热资源比较晚，在20世纪80年代后期，地热资源的开发利用有了一定的规模，并且在广度和深度上有较大发展。地热资源是热、水、矿物质“三位一体”的资源，它的用途广泛。地热资源的利用主要有两个方面，即直接利用和间接利用。如地热发电是直接利用；供暖、医疗、洗浴、旅游、农业利用、水产养殖等是间接利用。

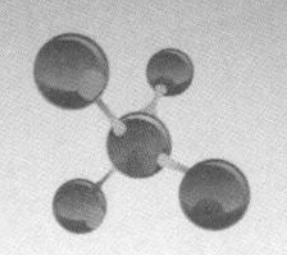

一 地热发电

地热发电

由于地热是一种洁净能源，世界各国需求增长很快。特别是一些发展中国家，石油资源匮乏，而地热资源丰富，这些国家更希望早日利用地热能。据统计，发展中国家利用火山引起的地热能发电量为 8000 万千瓦。世界各国在发展国民经济中，可考虑应用地热发电来摆脱电能的贫乏。

地热发电主要利用高温地热资源。利用高温热水和蒸汽作动力发电。一般情况下，地热能在 200～350 ℃的高温热水或蒸汽时带动锅炉发电。

地热发电的热水是天然热水液，有地热的地区在地下深处1～4千米处通过打井或钻井就能获得。按常理来说，当井孔在 25 厘米深时，可取得沸水和蒸汽 20 万～80 万千克。如用 5～6 口井眼生产蒸汽，就能使一个发电装置生产 55 兆瓦的电能。

1. 20 世纪末，全世界利用地热发电的国家有 17 个。据 1998 年统计，世界地热的发电总装机容量为 8239 兆瓦。其中美国居第一，菲律宾居第二，再次是意大利、墨西哥和日本等，当时中国位于第十三位。到 21 世纪时，据 2008 年不完全统计，全世界利用地热发电的国家已有 25 个，地热发电总装机容量为 10788 兆瓦，其中美国居首位，中国排第二位，再次是冰岛和日本等。

目前美国地热发电已在 3000 兆瓦以上，美国地热发电利用最好的地区是加利福尼亚州，它被称为地热能开发第一州。而西部的内华达州被称为“地热的沙特阿拉伯”。2006 年美国地热能源协会公布，内华达州之后3～5年内地热发电要超过 1000 兆瓦，能满足该州 25%

的电力供应。2008 年美国又公布将投资 150 亿美元开发地热发电。到 2025 年地热发电利用将超过 15000 兆瓦。

2. 中国地热发电已有 30 多年历史，1985 年以前以中低温地热发电为主，1985 年后，高温发电逐步开展。我国第一座试验地热站是广东丰顺和湖南灰汤地热发电站，目前还在运行。西藏著名的羊八井高温地热发电站，几经扩建已成为我国地热发电量最大的地热发电站，发电量占拉萨电网的 40%～50%，被誉为世界屋脊上的明珠。此外，我国台湾、云南等地也应用高温地热资源发电。云南腾冲地热储温平均温度高达 200 ℃，它对解决能源紧缺，发展地热发电的潜力是不可估量的。

二 地热供暖

地热能另一主要利用方面是地热供暖。采用地热供暖既能保持室温恒温，又能不污染环境。地热抽水使用的机械设备要比发电的机械设备简单，成本低、运行费用少，经济效益和社会效益十分明显。地热采暖的成本只相当于煤或油锅炉的四分之一，尤其在我国的高寒山区和西北、东北、华北等地区，地热用于供暖，是十分理想的绿色能源。

1. 我国地热供暖的省市目前主要有北京、天津、陕西、昆明、辽宁等。全国地热供暖面积大约在 1200 万平方米。天津地热采暖约占全市采暖总面积的 15%。北京是中国浅层地热开发规模最大的城市。到 2010 年为止，利用浅层地热能的面积已达 3500 万平方米，它为实现首都城市清洁和蓝天工程作出了重要贡献。

地热供暖

2. 在国外，冰岛、新西兰和美国

在利用地热供暖方面成效突出。冰岛地热资源十分丰富，它从1928年开始就利用地热采暖，是世界地热采暖的创始国。它的供热系统很完善，每小时从地下抽7000～8000吨、80 ℃以上的热水供居民使用，居民在家打开水龙头，就能得到50～60 ℃的热水。目前冰岛用地热供暖占其总量的64％，几乎所有城市都用地热供暖，被称为世界上“最清洁的国家”。

新西兰地热供暖也很普遍。如罗托鲁阿小城，就有700多口地热高温井，最高温度可达194 ℃。该小城被称为“地热城”。美国利用地热取暖也是很先进的。为了节约能源，美国每年以20％的速度发展地热供暖，在使用地热供暖方面走在世界前列。

三　地热浴疗、洗浴、游泳

地下热泉或热水不但温度较高，而且含有许多矿物质成分或微量放射性物质，对人体有保健作用，如常规使用温泉来治疗风湿病、关节炎等。

新西兰温泉保健

地热浴疗主要利用热水中的化学成分、矿物质和热水的温度来刺激人体，加快血液循环，促进新陈代谢，提高人的抵抗能力和免疫力。对关节炎、风湿病和部分妇科病都有明显的疗效，有效率达80％以上。随着人民生活水平的不断提高，温泉治疗或疗养已成为常用的保健资源。我国中低温地热资源也十分丰富，现在利用中低温地热泉，在北京、天津、辽宁、陕西、云南、广东等地建立以温泉疗养为核心，既有保健

温泉游泳

医疗又有娱乐度假性质的度假村或医疗康复中心，如北京小汤山龙脉温泉疗养院、八达岭温泉度假村、广东金册温泉度假村等。

地热温水洗浴在全国较为普遍，据文字记载，我国最早的温泉洗浴是陕西的华清池。目前全国已有 1600 多处公共温泉浴池。它们的设备比较简陋，洗浴方式也简单。相对来说，成本低，价格比较便宜，还有一定的医疗作用，因此很受大众欢迎。

许多地方还将某些温泉水作为“圣水”或“仙水”，其实只是因为这些温泉水中含有特殊的化学成分而已。如含碳酸的矿泉水，它可平衡胃中的酸碱度，治疗胃病；含铁的矿泉水可治疗贫血；硫化氢泉可治皮肤病等。我国利用地热治疗疾病历史悠久，如黑龙江五大连池利用含硫的温泉和沸泥等治疗皮肤病、关节炎等。这些含有特殊化学成分的温泉还能作饮用矿泉水，一般利用矿化度小于 6 g/L，温度在 50 ℃以上的热水。目前我国主要的饮用矿泉水类型是锶和偏硅酸型，品种较简单。经有关部门检测，合格的饮用矿泉水源地区有 3000 多处，发展趋势十分可喜。

温泉游泳也是一般游泳馆不可比拟的。它既有保健作用，又能使池水保持恒温，一年四季不变，节约大量石油、煤等燃料。目前世界各国有热泉的地方，都建有温泉游泳馆，供国人和游客享受。1978 年，我国在湖北省英山兴建的温泉游泳馆，是省游泳跳水训练基地，先后培养出童辉、周继红、伏明霞等一批优秀的水上项目运动员。

四　温泉旅游

随着人们生活水平的提高和经济收入的增长，人们希望在休假期间到景色优美、环境幽雅的风景区去旅游度假，旅游业也成为当代新型的朝阳经济产业。地热是资源，它有优美的自然地貌景观，如热喷泉、热湖等。旅游与地热资源的结合，对旅游业来说，多了许多自然景观，这也为旅游者所喜爱。对地热资源来说，将资源优势转化为产业优势，是 21 世纪经济发展的关键，因此将地热资源与旅游业紧密

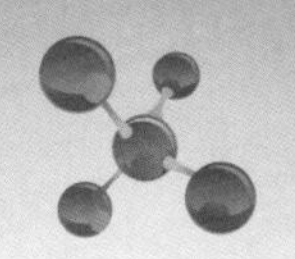

结合起来，是一件两全其美的事。

泡在地热水中

日本利用地热温泉和独特的火山地貌景观，建立了700多家温泉保健所，并大力发展旅游业，现在已建立温泉旅馆1万多家。其他如冰岛、新西兰、匈牙利等国都以地热温泉为依托，开发地热资源，并将其与旅游业相结合，发展温泉旅游。

我国利用地热温泉资源开展旅游是比较早的，如我国的长白山天池与温泉，及有黑龙江火山博物馆之称的五大连池。福建滨海、辽宁兴城一带建立温泉疗养院80多家，成为旅游与疗养综合城市。2009年3月，福建省旅游专家考察了福建省福清市的三山地热泉。经过地质勘测，该泉水水温53 ℃，每天日产1070吨矿泉水，水质优佳，水中含溴、锶、硅、砷等化学元素，达到地热矿泉的指标。氟、偏硼酸、偏砷、氡都具有医疗价值的浓度，是福建省滨海地区少有的地热温泉旅游资源。政府为了发展温泉旅游项目，专门为温泉旅游划出270多公顷土地，开发总投资为10亿元人民币。

五 地热水在工农业方面的利用

在21世纪工农业生产和开发中，工农业对环境的污染已成为需要重点解决的问题。为了克服和减轻工农业对环境的危害，可以利用地热能来改善工农业对环境的污染，如天气干旱用温泉喷雾，加强空气的湿度；利用地热建立温室养殖等。目前，有些行业已收到较好的效果，如纺织工业等。这不但减轻了环境污染，也提高了企业的经济效益。

1. 地热水在工业中应用很广泛，纺织厂用地热水喷雾，使纺织线条保持湿度而不发生断裂。如天津纺织厂等，用热水保持水温使印染、缫丝和纺织中保持产品颜色鲜艳，着色率高，手感柔软、富有弹

性。用地热水喷雾不但保证纺织质量，而且也降低了废品率，提高了生产效率和经济实效。在造纸和制革皮件生产中利用地热水能节约软化水的费用，大大降低成本。冰岛的硅藻土厂和新西兰纸浆加工厂，是目前世界上最大的两家应用地热加工的工厂。它们既达到了节能的目的，提高了经济收益，也改善了区域环境，成为世界上改造工业污染成功的典范。

2. 地热水在农业的应用范围更广。利用地热温室种植蔬菜和名贵花卉，一年四季都能保障百姓的菜篮子，改善城市生活，活跃农村经济，促进农村经济效益，使农民早日富裕起来。据不完全统计，现在我国地热温室面积约有 133 万平方米，利用地热水已超过地热资源年开采总量的 3.3%。

在水产养殖业方面，东北地区采用地热水养殖，提高鱼的繁殖和生长能力，保证安全越冬，使北方百姓在寒冬腊月也能吃到活鲜鱼。全国已有 20 多个省市，300 多个地热养殖场，鱼池面积已超过 1400 万平方米，养殖鱼类多，如鲱鱼、鲤鱼、草鱼、鳗鱼、甲鱼，还有牛蛙、虾类等，在供应国内市场的同时，还大量出口日本等国。此外，还利用地热水养殖浮莲、红萍、绿萍等饲料作物，给农村开拓了更广阔的市场前景。

你知道吗

地貌景观：地表自然地理要素（如气候、水文、地形、土壤、植物、动物）的综合情况，称为地理景观。地貌为景观要素之一，人们常把地形泛称为地貌景观，如火山地貌景观、冰川地貌景观等。

珠穆朗玛峰——冰川地貌景观

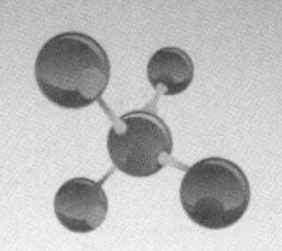

六　地热开发与城市发展前景

地热开发首先可用于城市地热发电，节约不可再生的能源资源，减少环境污染。其次，利用地热还能培植绿地和花卉，使城市成为“花园城市”。

城市中可广泛应用地源热泵系统采暖、空调，提供生活用水。利用高科技设备，还能一机多用，既取暖又制冷，可广泛应用于宾馆、商场、办公楼等建筑，节约城市能源，减少大气污染，提高住户生活质量。

在城市发展规划时，将地热资源与经济区、工农业开发区以及城市规划相匹配，可提高地热资源的利用率，建成现代化无烟的新兴城市，如我国正在建设的渤海经济（包含工农业）区，包括北京、天津、山东等省市。由于该区地热储层多、储量大、分布广，地热资源提高了城市综合开发的价值，使渤海经济区成为多城市经济综合开发的典范。

在城市应用地源热泵中，地热空调的安装费用高，但运行成本低。比如一幢大楼，采用电力中央空调一年需花费 100 万元的电费，用地热空调一年只花费 50 万元左右。地热空调技术已在可再生能源利用技术范畴之内。地热中央空调系统是利用地球浅层地热资源作为冷热源，一般在地壳下 400 米深范围内，将其地热进行能量转换提供给空调系统使用。它也是一种经济有效的节能技术，一年四季温度相对稳定，可节能和节省运行费 40％左右。它排污与常规电供暖相比，要减少 70％以上。而且它是一机多用（供暖、供冷、供生活用水），机组使用寿命长，使用寿命一般都在 15 年以上，机组紧凑、节省空间，维护费用低，自动控制程度高，可无人值守。此外，开发地热还能解决缺水地区的用水紧缺问题。总之，发展地热是解决能源短缺的好办法和重要出路，也是当今时代发展的需要。

你知道吗

1. 长白山天池温泉。

长白山天池

长白山天池温泉位于吉林省安图县长白山天池东南侧，距瀑布约800米处，二道白河的右岸。长白山天池是中朝两国的界湖。长白山的主峰白头山，海拔2700米。天池呈椭圆形，南北长约4850米，东西宽约3350米，平均水深204米，最深处373米。天池是中国最大最深的火山湖，湖底喷热水温度在20～40℃，有16座山峰环绕天池。白头山火山最近一次喷发是在1702年。这里有103个泉口，主要泉口32个，总流量为52升/秒。水温最低40℃，最高82℃，以60～70℃最多。泉水中以重碳酸钠型水为主，含有硼、砷、铜、钛、锰、钴、镍等多种微量元素。具有强烈的硫化氢气味。泉口附近常见形成硫华、褐红的氧化铁。温泉对治疗关节炎、胃病、皮肤病等能取得较好疗效。

长白山天池是典型的火山地貌。天池是火山口湖，湖水呈深蓝色，周围浅蓝色部分为未风化裸露的熔岩，橙黄色为裸土和稀疏林草地，植被覆盖区呈绿色。

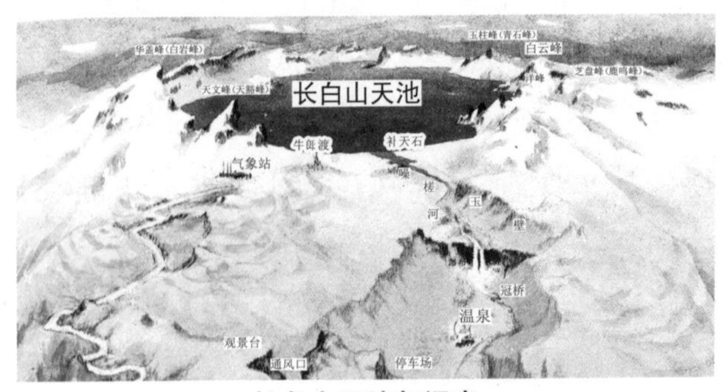

长白山天池与温泉

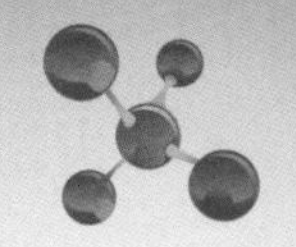

在长白山天池的西岸还有金丝泉、玉浆泉和药水泉，它们统称冷泉。玉浆泉和金丝泉是泉水从不同裂隙中涌出，流入白头山天池中。而药水泉位于头道白河西岩畔，水温在8 ℃左右，属低温泉，在众多的药水泉中有一眼涌出大量重碳酸钠型泉水，人饮之会打嗝，消食、理气，有一定的医疗功能，也是矿泉最好的原汁材料。

除此之外，长白山天池四季风景优美，夏秋季节来到天池附近，还可闻到温泉散发出的硫黄味。

长白山火山及温泉遥感图像

天池的天气变化多端，有如魔幻一般，一会儿狂风暴雨，一会儿风和日丽、蓝天白云，白云随风舞动，并紧紧把你围抱着，彩虹的天桥就在你的身旁。当你走动时，好像仙女下凡，从天上下到天池。太阳在云彩和雾气中出没时，天池的水面上瞬时映显出山峰的倒影，你想多看一下时，她又像少女含羞而去，从你身旁溜走，让你感到惋惜。到了冬季，大雪覆盖着湖面和峻岭，温度在零下30～零下40 ℃。雪景虽然迷人，但寒风刺骨也令人惧怕。有人说，到长白山温泉洗澡可以避一年之邪气。如果你从山下走到山顶，会有“一山有四季，十里不同天”的感觉，一天等于经历了四季的风光。这种感觉是非常有趣的！

2. 华清池。

“天下温泉二千六，唯有华清为第一。”举世闻名的华清池，位于陕西省临潼区（县）骊山北麓华清宫故址，西

距西安30千米，东与秦始皇兵马俑相毗邻，南依骊山，北临渭水。

华清池

华清池的悠久历史可以追溯到古老的原始社会，这里自周幽王修建骊宫至唐代几经营建，先后有“骊山汤”“离宫”“温泉宫”等。传说秦始皇在骊山遇到一位美貌的神女，秦始皇前去戏弄她，神女一怒之下将唾沫喷在秦始皇脸上，皇帝脸上立即生出许多脓包，他大为惊慌，立即向神女求饶。神女严厉指责后用温泉水为他洗脸，脓包很快就消失痊愈了。因此骊山汤又名为神女汤。到唐代李隆基诏令环山列宫殿，宫周筑罗城，赐名“华清宫”，亦名“华清池”。唐代华清池是帝王妃嫔游宴的行宫，每年十月到此，第二年春天才返回。唐天宝六年（747年）扩建后，唐朝第七位皇帝唐玄宗（685—762年），每年携杨贵妃到此过冬沐浴、赏景。据记载，唐玄宗从开元二年（714年）到天宝十四年（755年）的41年时间里，先后来此达36次之多。飞霜殿原是唐玄宗和杨贵妃的寝殿，后因安史之乱，建筑残存无几。

“春寒赐浴华清池，温泉水滑洗凝脂。侍儿扶起娇无力，始是新承恩泽时。”这便是唐代大诗人白居易对贵妃在华清宫内赐浴的真实写照。华清池温泉也因此而闻名天下，为世人所向往，成为与古罗马卡瑞卡拉浴场和英国巴思温泉齐名的“东方神泉”。

华清池温泉共有四处泉源，在一石券洞内，现有的圆形水池，半径约1米，水清见底，蒸汽徐升，脚下暗道潺潺有声，水无色透明。四处水源眼中的一处，发现于公元前11世纪至前771年西周时代，其中三处是新中国成立后开发的。水中含多种矿物质和有机物质，如碳酸钠、二氧化硅、氧化铝、硫黄、硫酸钠等多种矿物质。水中还含有

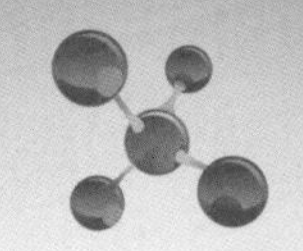

大量微量元素，适合沐浴和疗养。而温泉水来自地下的“常温层”，水温常年保持43℃，不受四季变化的影响，“不以古今变质，不以凉暑易操”，每小时流量可达113吨。数千年来，“与日月同流，无宵无旦，不盈不虚，将天地而齐固”。温泉水不仅适于洗澡淋浴，同时对关节炎、皮肤病等都有一定的疗效，对人有良好的疗养作用。

“不尽温柔汤泉水，千古风流华清宫。”1959年，郭沫若先生游览华清池后感慨万千，挥笔写下“华清池水色青苍，此日规模越盛唐”的诗句，恰如其分地概括了华清池的风貌与发展。1982年，华清池列入全国重点风景名胜区。1996年，国务院公布华清宫遗址为第四批全国重点文物保护单位。1998年，华清池跻身百名“中国名园”之列。

第二节 世界地热资源简介

地热能的利用不仅节约了不可再生能源，而且保护了人类的自然环境。随着21世纪高科技的不断发展，地热开发市场已展现出广阔的前景。为了统一保护好这宝贵的绿色清洁能源，世界应该成立组织加强指导、加强管理、合理布局、综合利用，以热养热、统一规划、避免浪费。要从保护世界环境的目标出发，合理地开发地热资源，开拓新的商业领域。在科学的指导下，加强国际立法和监督，真正做好保护地球环境的工作。

一　世界地热资源利用现状与前景

地热发电站

世界地热资源利用很广，主要用于地热发电，其次利用地热资源发展温泉医疗、沐浴、取暖，建立农作物温室、水产养殖以及烘干谷物等。用地热生产大量电力是世界各国的主要目标，也是解决世界能源危机的头等大事。

1. 世界上已有 25 个国家利用地热流体发电。到 1992 年年底，地热发电装机容量达 6275 兆瓦，到 1997 年年底，全世界地热发电装机容量为 7950 兆瓦。世界上用电量最大的国家之一美国，2008 年使用地热生产 1300 兆瓦的电能，满足了 130 万人的家庭用电，爱尔兰、新西兰、冰岛等国的城市几乎家庭和大楼都用地热。就连美国生产天然气和石油的雪佛龙公司，也从地热资源中生产出了 1152 兆瓦可再生能源——电力，成为可再生能源的“生产商”。

2. 地热能直接利用率高，热效率为 50%～70%，它的投资小，周期短，避免经济上发生危机，它开发出来的地热水不论是高温还是低温都能直接利用。因此直接利用地热能的技术性、可靠性、经济性和保护环境等方面都能够被世界各国政府接受。

3. 经过实践证明，地热利用成本越来越低。据有关方面统计，全球地热利用成本在 2005 年为 74～223 美元/兆瓦时，到 2010 年下降到 60～149 美元/兆瓦时。

4. 地热能利用的市场有竞争性。热能利用的主要竞争对象是石油能，地热与石油竞争时起时伏。如 1973 年石油危机之后，很多国家利用地热资源开发电能。1978 年石油价格上涨，加快了世界地热能的开发步伐。但到 1985 年世界石油从每桶 27 美元降到 12 美元，

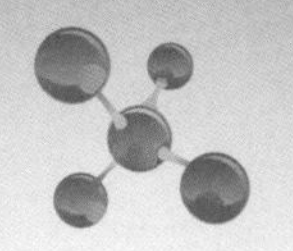

这就改变了地热市场的竞争力，地热能开发走向低潮。现今石油价格上涨，世界各国又重新将目光投向地热能的利用。但是地热能源从利用和环境效益出发，还需要新技术和新经济政策的支持来降低成本，这样才能立足于不败之地。美国准备在未来10年中，在地热能利用方面投资额将大约达到160亿美元，以争得世界地热能利用的市场先机。

石油燃烧污染大气

1. 地热流体，是地热水、地热蒸汽、二氧化碳和硫化氢等的总和。地热流体的热能含量高低叫地热流体能位。不同的地质背景，地热流体能位是不同的。能位越高，做功本领也越强。

2. 深部地热热液，是指来自放射性层之下的热流。它包括下地壳和上地幔的热液。一般下地壳热液极少，因此深部地热热液实际以地幔热液为主体。

二　世界地热资源简介

世界上地热资源利用较好的国家以欧洲国家居多，如冰岛、德国、俄罗斯、土耳其、法国等；其次是亚洲，如日本、印度尼西亚、菲律宾和中国等；美洲以美国为主；大洋洲以澳大利亚和新西兰为主；非洲主要集中于肯尼亚、吉布提、乌干达、坦桑尼亚等国，它们都有较丰富的地热资源。它们的共同特点是，地热主要产区都发生在火山喷发区。

1. 冰岛。

冰岛地热奇观

冰岛是北半球寒冷的国家，冰川纵横全岛，火山林立全国，至今还有30余座活火山，是世界上地热资源最丰富的国家之一，它有地热田800余处，每年地热发电超过800亿兆瓦时。冰岛电力供应主要靠地热发电和水力发电。全国55%的电力供应依靠地热。1960年冰岛首都雷克雅未克的二氧化碳排放量是27万吨，到2000年只有3000吨，这都是利用地热能的结果，而冰岛也因此成为世界“洁净无烟之国”。

2. 德国。

德国的地热项目是新增加的，它在政府的帮助和支持下，主要依靠先进技术开发地热。它用热泵技术开发浅层地热能，到2007年已经有4.5万多个热泵系统。现在，在新建建筑中15%的供热系统采用的是热泵。例如德国Wulfen镇由71幢楼房、117个单元、1个公共室内游泳池组成的住宅区，采用地源热泵系统，提供温水供暖和生活使用，已有效运行了30年。

德国利用钻探技术和回灌储热技术，开发了深层地热能，这种技术在经济上很有价值，2009年9月，德国利用钻探和回灌技术建设发电厂。至今德国已有3个大规模的地热发电厂。

3. 日本。

日本是火山之国，有100多个活火山，地热资源居世界第三。日本潜在的地热发电能力可达2000万千瓦，相当于15座核电站的发电量。目前在日本东北和九州地区利用地热发电占国内发电量的0.2%。

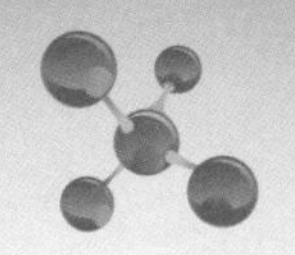

日本政府为了扶持地热发展，在 2005 年地热发电装机容量 52 万千瓦的基础上，计划 2020 年增加到 120 万千瓦，2030 年增加到 190 万千瓦。

4. 印度尼西亚。

印度尼西亚利用火山资源开发地热发电

印度尼西亚地热潜力很大，估计在 2.7 亿兆瓦，约占世界地热总潜力的 40%，在 2006 年它的地热发电量仅 857 兆瓦，仅占地热总潜力的 3%，在 2008 年要求达到 2000 兆瓦，估计 2016 年能达到 4600 兆瓦，2020 年能达 6000 兆瓦。印尼政府准备再过 20～30 年，将地热能利用发展为大规模商业化运作。

5. 新西兰。

新西兰地热资源十分丰富，地热田也不少，如毛恺地热田，它属于深井、高压、高温蒸汽地热田，发电能力在250～450 兆瓦。新西兰从 2006 年开始加强地热投资，计划在 5～10 年后，开发地热能最终可达 1200 兆瓦。

6. 美国。

美国地热站

美国地热发电量仅次于冰岛，它的地热发电装机容量已经超过 3000 兆瓦。由于使用地热发电，1999 年节约石油约 6000 万桶。美国各州开发地热是不均衡的，现共有 14 个州利用地热发电，其中加利福尼亚州是美国开发地热发电第一州。在美国政府的支持下，美国地热项目将获得 4.4 亿美元资助。有 100 多个项目在几年时间内增加电力能力 4000 兆瓦。从 2009 年 10 月开始，有144个新的地热发电项目在14个州展开，增加地热发电能力为7100兆瓦。在现有能力3100兆瓦的基础上，使地热发电能力达到10000兆瓦。

7. 非洲地区。

非洲在地热发电方面开展比较晚，开发国家主要有肯尼亚、吉布提、乌干达和坦桑尼亚等国，其中肯尼亚、吉布提地热发电初见成效。吉布提与冰岛合作，将冰岛开发的地热发电权卖给吉布提，到2015年地热发电生产能力将达到100兆瓦。它通过专线电网进入吉布提，根据用户情况，初期将先输送50兆瓦。肯尼亚发展地热发电的潜力预计在400万千瓦，目前的容量为100万千瓦。肯尼亚60%的电力来自水力，30%来自矿物燃料，仅10%的电力来自地热。如今，肯尼亚在联合国环境规划署和全球环境基金会的支持下，使用新技术，用几个地热蒸汽井发电，发电量均达4000～5000千瓦，其中一个达到5000千瓦。据估计，如果建成一个7万千瓦的地热发电站，每年将可节省7500万美元。

三　我国地热资源利用情况简介

天下第一汤——水宁温泉

我国地热资源较丰富，但分布不均匀，主要分布在西藏、云南、广东、河北、天津、北京、辽宁、黑龙江、四川西部、福建和台湾等地。我国地热可采资源量为每年68亿立方米，所含地热量为973万亿千焦，折合3284亿吨标准煤的发电量，目前我国利用地热能为100亿千瓦时/年。

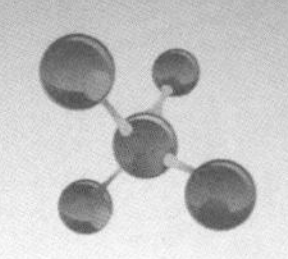

我国地热资源占地球资源的7.9%，其中以中低温为主。高温地热田仅有两处——西藏羊八井和羊易地热田。我国中低温地热资源几乎遍及全国各省市、自治区，由于中低温地热的温度低，因此比较适合直接利用。根据有关部门的初步统计，我国中低温地热可开采量相当于7.23×10^{10}吨标准煤。我国每年夏天和严冬用电紧缺，急需要用地热发电来补充。因此，我国中低温地热田的发展前景十分理想。

羊八井地热田

1. 我国地热资源利用开始于20世纪70年代，经过30～40年的研究和勘查，形成使用的主要框架，如以羊八井为重点地热发电利用，天津为重点城市供热利用等。我国喜马拉雅地热带约有高温地热系统255处，其中西藏羊八井最典型。据报道，羊八井地热田北部深钻2006米处测得水温高达329.8 ℃，另一深孔初始平均温度为250 ℃。随着勘探的深入，羊八井地热田的潜力是巨大的。

另外，我国中低温地热资源很丰富，有一类为埋藏在沉积盆地中的地下热水。它属传导型地热资源，如华北、松辽、苏北、鄂尔多斯、四川盆地等的地热资源。初步估计，这些沉积盆地中的地下热水可采资源总量相当于18.5亿吨标准煤。其中华北盆地北部的热水资源最为富集，占中低温地热类型总量的50%左右。

我国大于25 ℃的温泉大约有2500处，如果都利用起来，相当于每年节约260亿吨标准煤。这类温泉主要分布于我国东南沿海的福建、广东、海南等地。除此之外，还有江西、湖南一带。现在已勘测查明有27处，地热开发有很好的前景。

我国山东省在地下3000米处打出水温40～100 ℃的地热资源，相当于1236.64亿吨标准煤，仅次于山东省天然气地质储量2585亿

立方米，相当于标准煤 3438 亿吨。因此山东省利用地热资源开发经济的后劲是巨大的。我国江苏省属地热资源较贫乏的省份，现在查明江苏省地热可开采量折合标准煤也有 56 亿吨。目前江苏省已经将地热水用于洗浴、疗养、供热、养殖和纺织等方面。

综上所述，我国在利用地热能方面主要是地热发电，其次是农业温室养鱼、印染、干燥、供热、疗养、水浴和工业加工等，其经济效益是非常显著的。

2. 影响我国地热开发利用的主要问题。

第一，地热资源在地域分布上很不均衡。有些省的地热资源分布在比较偏僻之处，交通不便，财力有限，影响地热资源的开发和利用。

第二，开发地热的技术还不够先进。要进一步引进新技术、新方法，提高开采地热质量，减少投资、提高效益。比如怎样解决地热尾水排放温度高的问题，如何利用地热水的二次循环问题等。

第三，开发地热的资金还不够充足。地热资源开发的初期投资很大，风险大、收益少，这是造成资金转换短缺的主要原因。没有足够的后备资金，是很难开发地热资源的。

羊八井的地热发电站

第四，地热是绿色能源，但由于水量开采过大，也会引起地面沉降或热污染等问题，这些问题都有待我们不断提高技术和研究水平来解决。

3. 地热主要依靠地下岩浆和地表火山喷发区。

如果没有火山活动带，那么就不能充分利用地热，所以全世界地热都在火山活动带附近，世界上大约有 10%的区域有活火山，这样地热利用也只有 10%左右的区域。

地热开发也会带来一些环境及其他问题。地热资源不是在任何地区都能开采和利用的。开发地热资源时，需要挖地打井或打钻，这样一来，一方面有可能会破坏自然景观；另一方面是地热水中常含有一些溶解于水的重金属等有害物质，随蒸汽或水被带到地面。这些带有

毒性的气体和水对人和环境是有损害的。但是如在初探中及时发现、处理好这些问题，开发中是能够加以避免和减轻的。

你知道吗

1. 腾冲热海。

腾冲热海位于云南省腾冲县南11千米处，泉水丰富，活动强烈，最高温度可达100多摄氏度，泉类型齐全，分布广泛，俗称热海。主要有温泉、热泉、沸泉、沸喷泉、喷气孔，常出现地面冒气、泉华以及有水热爆炸、水热蚀变和水热矿化等现象。这里泉华类型较齐，有硅华、钙华、硫华、盐华等，形态异常，景色秀美。热海中热水翻腾、烟雾弥漫、热气四散，成为腾冲火山温泉区的核心景观。腾冲热海区有一大滚锅——硫黄塘大沸泉，它直径3米，深1米，水温最高达96.6℃，它呈间歇泉喷涌，水型为氯化物重碳酸钠型。1976年曾打钻探测，钻孔深26米，孔底温度已高达145℃。热海泉水中还含有金和银，高于正常克拉克值2.73倍，表明该热海区有强烈的贵金属矿化特点。

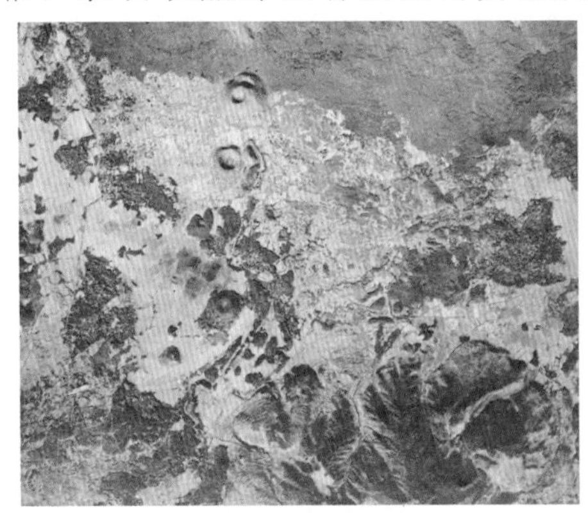

腾冲地热遥感图

2. 五大连池低温泉。

五大连池是我国著名的火山地貌景观旅游区。它位于

五大连池地貌

黑龙江省北部北安市西北，距哈尔滨413千米。五大连池是由14座锥状火山组成的火山群。由于多期火山喷发，火山熔岩将水系白河堵塞，先后形成串珠状排列的五个火山堰塞湖。总面积约40平方千米，总容量为1.7亿多立方米。其中以二池最深，水深100米左右。它仅次于镜泊湖，是我国第二大堰塞湖。这五个池有暗河相通，纵长200多千米。由于泉水温度只有4～6℃，俗称冷泉。它一年结冰近半年，每年10月末结冰，至次年的5月解冻，解冻后的湖水清澈见底，群山倒影，在夕阳西照时，湖面被染成彩色的镜面，泛舟湖水，令人陶醉！

五大连池有个药泉，传说古代达斡尔人在此狩猎。有位猎人见到一群野鹿，就拿出弩箭向鹿射去，正中一公鹿的大腿。受伤的公鹿为了逃命，逃向药泉，猛喝泉水后，突然飞快向深山中奔去。追鹿的猎人见了十分惊奇，也到药泉处饮了药泉，感到泉水清凉甘甜，顿时全身轻松，精神兴奋。这时猎人认为此鹿是神，它把自己引到药泉，此泉水是圣水，是救人之水。于是，他奔走相告，乡亲们都来饮用此水，从此他们都身强体健，终年无病。

根据科学测定，五大连池矿泉水中含有40多种人体所需要的微量元素和几十种人体需要的有益矿物元素，它对皮肤病、高血压、胃病、神经衰弱、毛发脱落等疾病都有疗效，已成为世界著名的矿泉水之一。五大连池也是我国生态科学和地球科学研究的重要基地。

我国冷泉较多。如浙江新安江美人浴温泉、江苏无锡灵山禅意元一丽星温泉，水温都在20℃以下，虽然也有药疗作用，如止痒、排毒、消除疲劳和提神醒脑等，但没有五大连池药泉的诸多药疗功能。

第三章
地热勘探技术与未来的发展

地热深钻勘测

地热勘探技术是一项比较复杂的工程。在开采地热资源的地区，大多数是地震、火山活动活跃的地区，地质构造特别复杂，影响对地热资源的正确评价。要正确评价地热资源的开采，除要有地质构造调查资料外，还要有这一地区的地下深部地质构造和水文地质资料，才能保证安全开采和正确使用地热资源。这些工作使地面勘察工作增大了难度和风险，还促使投资加大。因此在地热勘察工作中，需要高、精、尖、广的技术进行综合开发，其目的是降低地热开采中的风险，减少资金投入，保质保量地完成地热资源开采任务。

第一节　地热能的开采新技术简介

地热能的探查，首先从地面地质调查开始，寻找地热显示，查明地热田的地质构造背景和热储层、热流体的特征。开展水文地质、地球物理、地球化学等方法的辅助研究，查实地质构造与地热之间的关系，掌握地热异常区的范围和性质。

随后，应用遥感技术和地质钻探查明地热田的热储的分布面积、

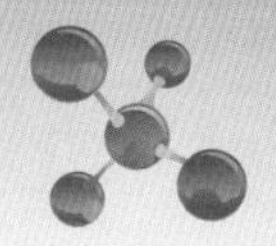

厚度、产状、埋深及其边界地质条件，同时获取热液体的温度、压力、产量及其日变的关系。通过地理信息系统（GIS），建立“热储模型”，最后提出地热开采合理评价和建议，为开发地热资源提供有力的依据。

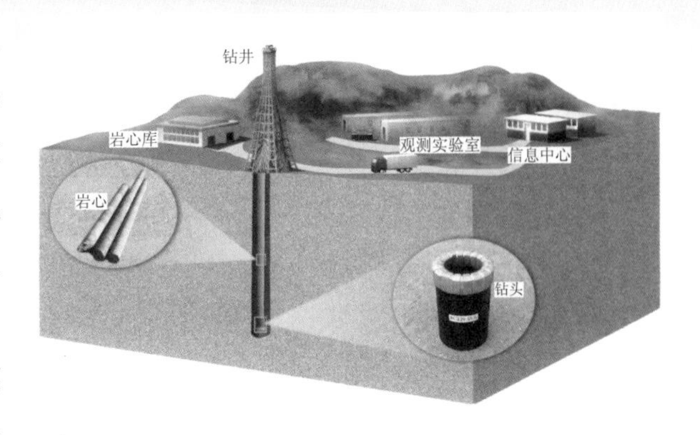

地热钻探示意图

一　地热勘查的方法

地热勘查技术中应用的方法，有地热的地面调查、地球物理探测、地球化学探查、遥感红外技术应用以及钻探探测等。通过这些方法，查实地热分布范围和热点的中心部位以及地热流体的特征和热储层，最后提出开采和使用方案。

地热地面调查

1. 地面地质调查。

简要地说，地面地质调查是指搞清地热田的地质构造背景，如地热点的地层、构造、岩浆岩，包括火山活动、含水层的水文地质特征以及它们之间的关系。在这基础上进一步查实地热田的控热构造，重点阐明断裂与地热源的生成关系；查明地热显示标志与分布；查清水温、流量、流速、水质和水化学特征；编制地热地质构造图、地热点分布图等图件以及文字报告。

2. 地球物理探测。

地球物理探测是地热勘查中的重要手段。它能测得地表下 5～6 千米深或更深的地质数据，补充了地面调查对深部了解的不足。通过对地球物理异常的分析，判别地壳深部的地热地质特征及属性，引导出一些新问题，使研究人员更深入地掌握地热区的地质特性。

目前，常用地球物理探测的方法，有重力法、磁法、电法、人工地震以及浅层测温等。这些方法可查明地下断裂构造展布和格架；地热田的热异常的空间分布和范围；隐伏构造，隐伏岩体、火山的岩浆房以及蚀变带的位置等；提供深部断裂与地热田的关系以及地储层的埋深、地热流体的富集范围和展布等。如北京南苑东高地地热井，利用电阻率反演断面图，测出隐伏性断裂呈南北向展布。断裂两侧地质有差异，一侧裂隙发育，有漏水现象。经抽水试验，水量达 2300 立方米/天，水温在 50℃左右，是非常理想的地热田。

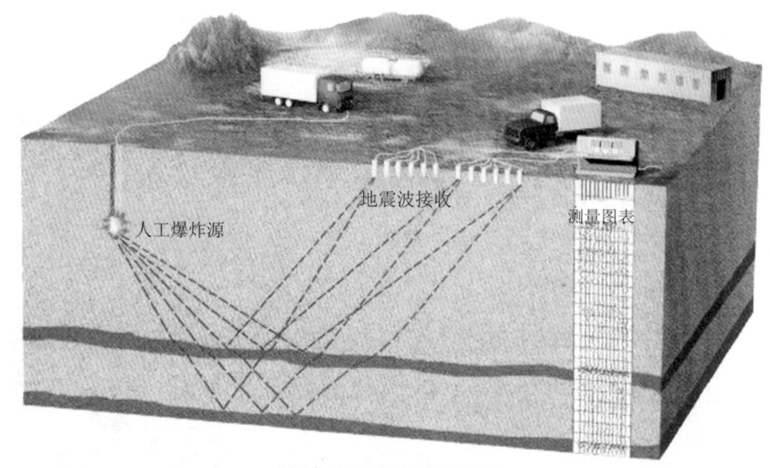

地球物理探测示意图

3. 地球化学探查。

地球化学探查是调查地热地质的常用方法之一。主要通过地球化学样品分析，查实地热水或泉或湖的水质、水化学成分，圈定地热水化学异常区。地热水中有许多微量元素，如锂、铋、锑、锌、锰、铅、氡、砷等。这些微量元素的差异，可以判别地质构造背景的差异，也是地热水不同应用的依据。地球化学探查中还可以测定热泉的稳定同位素和放射性同位素，从而推测地热流体和储热层的成因、年代等情况。

4. 遥感技术探查。

遥感可从高空或外层空间，利用可见光、红外、微波、雷达等探

遥感示意图

测仪器，经空中摄影或扫描获取地面地热信息，如火山喷发等。遥感技术探查具有视域宽广，信息丰富，能定时、定位观测，以及能应用计算机技术进行数据处理等优点，加快了地热调查的步伐。应用它可以促进科技人员去发现新的地热异常点和区，对地热地面和深部的探测是非常有用的。通过遥感获得的信息有：地区区域地貌和区域构造特征、地热点和地下水分布及其特征，隐伏断裂、火山机构和区域构造特征的关系等，特别是它可利用红外和热红外等信息查实区域地热分布范围和水蚀变等现象，为地热资源调查提供宝贵的资料。例如，1979年日本利用卫星图像，对御岳山、三宝岛、樱岛等火山喷发和热点分布进行调查，经遥感图像解释和计算机图像处理，揭示出火山喷发的范围，发现了地热新异常以及地壳深部断裂等。经地面查实，这些现象都存在。他们还编制了地热异常分布图，对预测火山喷发和地热异常的利用起到积极作用。

航空摄影

冰岛应用热红外图像和航空照片，对冰岛冰川覆盖下的地热进行了成功探测。我国在福建、天津、辽宁等地应用遥感热红外、红外技术探测地热，收到了很好效果，为定量地热异常奠定了基础。

5. 钻探勘查。

用钻探查明地热资源是地热工作中不可缺少的手段。它是在地面调查、地球物理、地球化学等资料和遥感解译、分析基础上进行的。钻探的目的是验证靶区；查实深部构造的岩性，特别是深部岩浆岩的分布等信息；查明地热田热水埋深、水温、水量、水质等信息，为开采地热田使用和评价提供正确的地质资料，使开发地热田能够有的放矢。

现在钻探勘查随着国民经济发展和科技技术的需要，应用范围在日益扩大。它提供的资料能促进该领域上的重大突破，因此它已成为地热勘查中的重要环节。我国地热资源埋深在300～3000米范围内，水温在25～300 ℃，最高水汽压超过2 MPa，钻探深度可达3000米以上。2003年，中国地热第一钻在江苏省连云港市开钻，其设计深度为5000米，取得了较好效果。

你知道吗

1. 地热地质调查：它是地热勘查的基础工作。它对工作区域进行航卫片解译、地质填图、岩石和构造等方面的研究，以及收集前人的资料和文献等。将这些地质调查资料与水文地质、地球物理和地球化学调查的结果进行综合分析，圈定地热前景区，并进一步确定勘查靶区。

2. 地球物理探测：它采用地球物理方法，如电场、磁场、重力场测定，研究地热田及其外围区域的地球物理场的特征，寻找地热资源。根据地球物理探测数据处理结果，圈定地热异常范围，查明断裂构造带的空间分布，确定深部构造与地热蚀变带的存在，查明热储的渗透性、形态特征和赋存部位等。将这些资料与地质、地球化学、遥感等

成果对比研究、综合分析，为确定地热钻井部位提供可靠依据。它是寻找地热资源中的有效探测方法和技术。

3. 地球化学探查：它是应用地球化学（包括同位素地球化学）方法圈定地热异常，寻找地热资源的一种技术方法。通过地球化学分析，查测地热流体的来源、成因和年龄。研究化学沉淀（泉华）、水热蚀变带、成矿作用以及地球化学地热温标特征，帮助确定评价地热田的能量、地下温度、地热类型、热流来源和深部地质等。

二 地热开采新技术

地源热泵

进入21世纪，地热开采和利用范围日益扩大。在开采中如何提高地热的开采效率，降低开采成本和节约能源，已成为发展地热中的一个重要问题。要解决这些问题，靠什么呢？关键是靠提高开采技术的水平和更多地采用高新科技。

1. 地源热泵技术。

地源热泵是利用浅层地能进行供热制冷的新型能源利用技术。

地源热泵技术的设想是从土壤或井水、湖水、海水等天然水中吸热到热泵，由热泵增温后向建筑物供热。到夏天，由热泵机组制冷后，将热量放还大地。因此，地源热泵技术是一项提高地热能效果的高科技技术。通常地源热泵利用常温水不断循环，使水温升高到保持室内人感到舒适的温度，而且常年维持恒温，使室内四季如春，解决了空调带来的“空调病”困扰。21世纪的今天，地源热泵技术已受到世界各国的青睐。现在地源热泵技术已广泛应用于商业楼宇、公共建筑、学校和医院等大型建筑中。

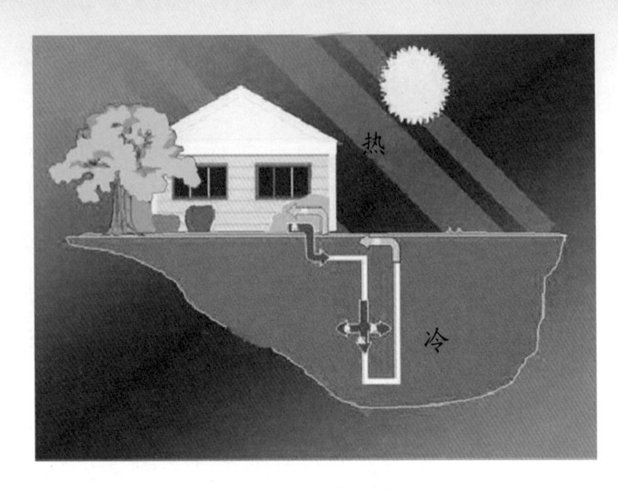

地源热泵技术示意图

地源热泵的成绩是显著的，也被大众所公认。它最大的贡献有三个方面：第一，节能。它是既能放热又能制冷的大型“空调机”。它应用的是地热能，所以能量消耗小，达到节能目的。第二，环保。它利用的地热能本身就是绿色能源，可以再生，可持续利用，对环境污染程度小。据报道，在16万平方米的室内，利用地源热泵供暖制冷，它从土壤中吸取约1200万千瓦时的热量，折合标准煤1500吨，减少二氧化碳1320吨、二氧化硫和氮氧化合物70吨、粉尘15吨等的废气废物排出，保护了环境安全。第三，费用低。它比取暖火炉的寿命长15年以上，但它初次投资比较大，要经相当长的时间才能收回成本。它建成后价格是低廉的。据实际工程测算，采用地下水的地源热泵，每平方米需300～400元人民币，它与国产产冰冷却机加锅炉式中央空调系统的投资大致相同或略低一些。但它后期运行费用低，这是锅炉式的中央空调系统不能相比的。如地源热泵机组电力消耗比电供暖减少70%以上，要比燃气锅炉的效率高75%以上。

近年来，美国、加拿大、德国、法国、瑞士、瑞典等国家都在加紧推广应用地源热泵技术，尤其是美国，投资大，技术领先。地源热泵技术在我国华北、东北、西北、南方和西藏高原等地已得到应用，这些地方都使用地源热泵取暖制冷。他们提取浅层温水，通过热泵改善建筑物的室温。2004年全国地源热泵供暖制冷总面积达767万平方

米，到2006年增加到2035万平方米，年增长率60%以上，到2007年供暖又发展到3800万平方米，增长率为86%。地源热泵技术开发电量美国居世界第一，其次是瑞典、德国和法国，中国仅排名第五。

目前，中国正加大地源热泵技术的应用，如安徽合肥利用地源热泵改造老住宅楼，在2011年10月投入使用，成为全国首家使用地热改造老楼的城市。2010年苏州耗资1.1亿元人民币，对苏州市阳澄湖小学进行改造，该小学成为首家采用地源热泵空调机和全套多媒体教学设备的学校，成为全国最豪华的小学之一。

据2011年7月江苏省地质工程勘查院报告，南京市将开发浅层地温热能资源，利用地源热泵技术改变南京市生态环境面貌。南京浅层地温静储量约1.7×10^{16}千焦，可开采量约3.636×10^{14}千焦，折合成标准煤约13万吨。地源热泵技术若能使南京市节约能源量达十分之一，能减少烟尘2.1万吨，减排二氧化碳310万吨、二氧化硫2.11万吨、氮氧化合物0.81万吨。对南京市生态环境和节能减排方面以及社会效应带来很大的效果。现在南京市又将地源热泵引入到大型房地产开发中去，它的应用前景也将越来越广阔。

2010年上海世博会广泛应用地源热泵和江水源热泵技术的中央空调，调节世博园区的温度和湿度，上海成为我国目前最大规模使用地源热泵取得绿色园区的城市，获得亚洲国际地产投资与开发博览会的“最佳城市综合奖”。世博会成功地使用地源热泵技术将上海推向世界前列，也为世博后加紧发展地源热泵技术打下基础。目前我国地热资源利用量相当于标准煤3200万吨。地源热泵空调面积仅1.2亿平方米，它的发展空间还是很大的。现在地源热泵的增长远远超过了地热直接发电的速度，2009年地源热泵的利用与2005年相比，增长了245倍。随着全国经济发展，房地产开发大幅度地上升，地源热泵技术应用的前景更加美好，人们给其美名“高科技环保住宅”。与普通住宅相比，它节电，有循环对流的空气换

地源热泵空调系统

送系统，使居住者更舒适。鉴于目前环保低碳是最“牛”、最“潮”的造房理念，地源热泵技术是开发商不愿意随意放弃的技术，这也促进了地源热泵技术的提高和发展。

2. 地下火焰钻井。

地下火焰钻井是 2009 年 10 月，由瑞士科学家提出的一项新的地热钻井技术。它在增加钻井深度的基础上，提高工程效率和效益，目前还在试验中。

研究人员首先把高温高压的氧气、乙醇和水，通管道送入地下燃烧反应堆中，使其融合后燃烧，他们计算出地热井下的火焰到岩石热量的热通量。当岩石受热后温度梯度明显上升，导致地表温度升高，随之深部岩石在高温高压下发生破裂时，岩石的温度梯度越来越大。地热升温速度也随之加快升高，这时开采出来的地热温度更高，更有利于地热利用。

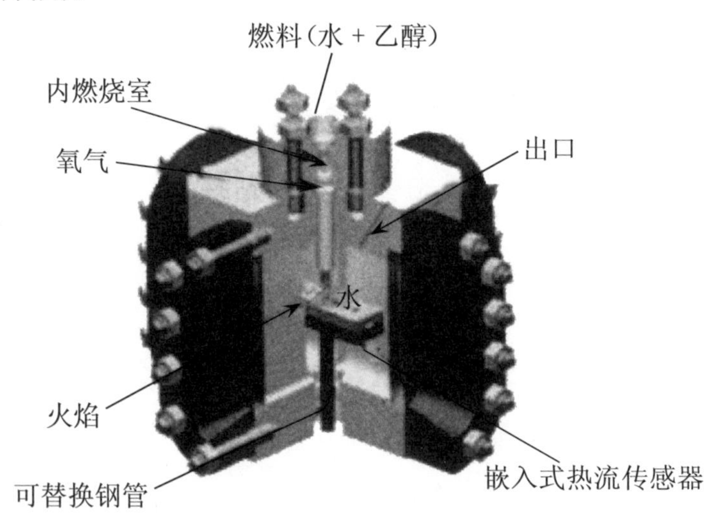

地热分裂钻探钻头设计图

这种方法，特别适合岩石埋在 3 千米或更深的地层中。岩石坚硬、干燥，用地下火焰的方法，使岩石受热发生破裂，再利用“热液分裂钻探”去取出深部的岩石和热能。该方法一旦成功，可以广泛应用于商业领域里。有科学家计算，如果采用地下火焰钻井打钻，它的成本与井深呈线性上升。如果使用传统的钻井方法进行打钻，则成本

呈指数上升。目前世界上只有瑞士苏黎世联邦理工学院在做试验，他们将注意力重点集中在基础研究领域。

你知道吗

地源热泵技术原理：地源热泵是一种利用浅层地热资源，既能供热，又能制冷的高效节能环保型空调系统。地源热泵通过输入少量的高品位能源（电能），即可实现能量从低温热源向高温热源的转移。

在冬季，把土壤中的热量“取”出来，提高温度后供给室内用于采暖；在夏季，把室内的热量“取”出来释放到土壤中去，并且常年能保证地下温度的均衡。

GIS 地理数据库

地理信息系统（GIS）：在计算机技术支持下，对空间地理相关数据进行采集、管理、操作、分析、模拟和显示输出；并采用地理模型分析方法，提供多种空间地理信息，为地学研究和决策服务的信息技术系统。

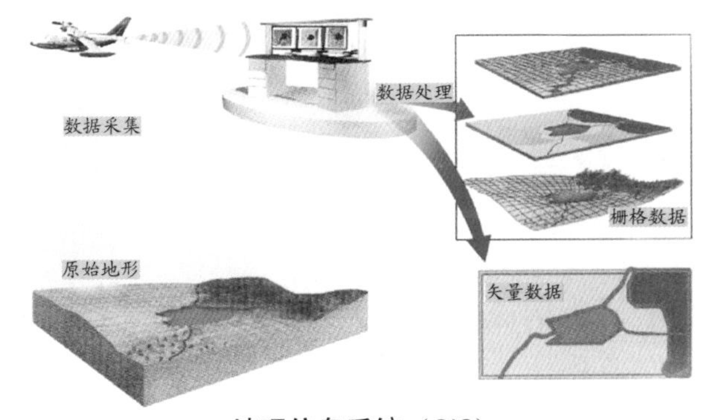

地理信息系统（GIS）

第二节　保护资源，面向未来的发展

在地球地热资源日益受到关注的今天，新的能源资源不断地替代旧能源。绿色能源、环境保护、节能减排的思维已成为未来能源发展的方向。2011年，温家宝总理在谈到科技发展决定中国未来时指出：原始创新是我国科技发展的灵魂，是民族发展的不竭动力，是支持国家崛起的筋骨。要力争在科学上取得原始性突破。保护地球资源，开发和利用能源也应在新纪元时代中有新的突破，这样社会才能面向未来。

一　保护地热资源应该注意的问题

开发地热资源的目的主要是节约能源、保护环境。反之地热开发中，也应该注意环境保护，如处理好地热尾水排放问题等。

1. 地热资源的发展上有些障碍，尚待修正和提高。

尽管新能源具有清洁、可再生等优点，但目前地热资源仍处于发展的初期。与世界先进水平相比，我国地热开发还有很大的差距，其表现在：（1）成本比较高，影响地热资源开发。（2）技术水平还不高，大多数处于初始阶段，有些关键性技术不过关。（3）由于成本高，市场发展滞后缓慢，形成“有技无产”的现象。（4）融资和政策上有障碍，与其他产业相比，政府对地热投资较少，虽然有些政策照顾，但执行效果不理想。（5）体制上有待改革。如各部门协调性差，管理有些混乱，影响地热资源开发和利用。

2. 地热开发要防止地面沉降。

地热主要是液体，在地下承受地层的压力，当地热水被抽取过多，地表水或周围岩石中的孔隙水不及时补给，就会造成地面漏斗，导致地面沉降，其中热水型地热田的下沉问题特别突出。如华北平原某些地区由于灌溉用水过量而造成地面沉降。目前地面沉降后要恢复其原始面貌，难度极大。

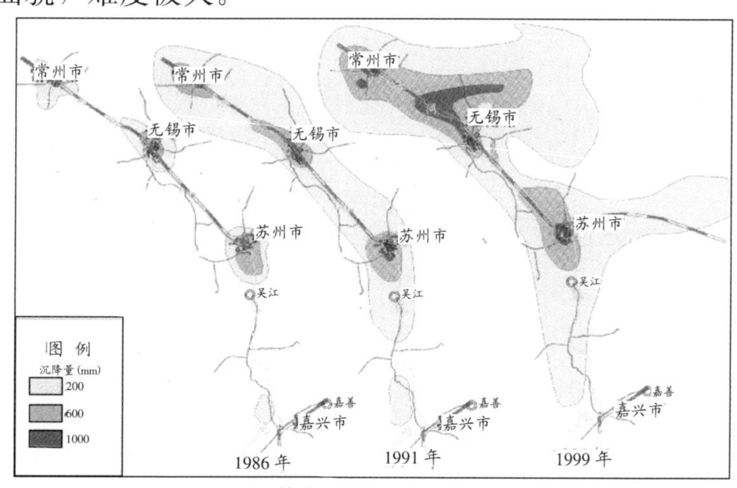

江苏省地面沉降示意图

3. 地热尾水排放污染问题。

大多数地热尾水都是排放到河道或湿地中去，排放水质是否符合标准，是要经过化学分析后确定的，这方面工作还比较薄弱。现在国家虽然有相应的规范和标准，如《农田灌溉水质标准法》和《生活饮用水标准法》，但检查有时不到位，造成环境污染，有待加强管理。

4. 诱发地震。

地热异常多产于火山、地震带上或附近，特别是地热水通过断裂进入地表，由于地热水的活动，激发断裂的活动，从而引起地震。一般情况由地热水引起的地震规模比较小，但不能麻痹大意，要引起足够的重视。例如，2006 年瑞士巴塞尔发生一系列地震后，专家们认为是该地区地热开采系统所引发，导致美国加州的类似项目被叫暂停。不过，大多数科学家认为，地热发电站只要远离城区，由地热水开采引发的地震基本不会对人们造成伤害事故。

5. 其他问题。

地热水中有时也会含放射性元素，如处理不当也会造成土壤污染和空气污染。另外，地热冒气或喷水不断向大气和水中排放也会造成热污染对人体造成伤害，及水体污染造成人畜中毒等。目前系统的技术规程、规范和技术标准尚不健全，有待进一步改进和提高。

你知道吗

1. 地面沉降：是在自然和人为作用下，发生的局部地表高程下降。导致地面沉降的自然因素，主要有地壳升降运动、地震、火山活动以及沉积物固结压实等。人为作用有开采地下水和油气等资源、修建地下工程和桥梁下沉变形等。

地面沉降引起地裂

地面沉降引起塌陷

2. 地震：地球内部累积的应力突然释放引起的地球表面的振动。按成因可分为：构造地震、火山地震、塌陷地震和人为地震。根据震中距可分为地方震、近震和远震。按地震的深度可分为浅源地震、中源地震和深源地震。全球地震活动主要分布在环太平洋地震带、欧亚地震带和洋脊地震带等。

二 未来发展中的地热资源

我国利用地热资源已有2000多年历史，地热是绿色清洁能源，已受到全世界关注，我国地热资源应用前景是广阔的。特别是21世纪，全球能源危机日益严重，世界能源在未来50年内虽然不会出现枯竭，但局部性能源短缺现象是不可避免的。另外，世界上石油、煤等燃料能量释放，会造成全球气温变暖，引起全球环境加速恶化。如果不采取有效应对措施，将使人类面临生死存亡的危机。因此新能源的开采和技术在未来发展中占有十分重要的地位。

1. 加强地源热泵产业的发展。

地源热泵产业的发展，是涉及世界各国节能和减排的大事，地源热泵在今后半个世纪内仍将保持高速发展的趋势，而常规地热资源直接或间接利用也将稳定地增长。我国地源热泵产业发展比较正常，目前也有扩展的趋势，其中以辽宁沈阳市最为突出，沈阳每年地源热泵供暖面积增加1500万～1800万平方米，2007年地源热泵供暖面积达到1848万平方米，到2008年增加到3585万平方米，占沈阳全市供暖面积的18%。而2008年全国地源热泵利用总面积仅6200万平方米，沈阳利用地源热泵取暖占全国的58%左右。2010年全国地源热泵发展年增长率为30%，当前我国地源热泵的发展还将持续增长，有望跨入世界前三强的行列。

2. 加强地热资源的综合利用。

大理“地热国”

地热资源的综合利用开发是节能的体现。我国中低温地热资源较为丰富。加强地热资源的综合利用，大致可分三个“链”来体现。（1）利用地热水可以发电，建立温室种植特

种蔬菜和花卉，同时将剩余热水养鱼等形成地热生物链。（2）以人为中心，旅游、嬉水乐园、康乐中心、疗养中心、温泉饭店和度假村，以及高级宾馆等一系列娱乐、健康、旅游的“增寿链”。（3）房地产开发、工农业生产为主的经济发展链。通过地热资源的三条链条带动社会和经济发展，促进经济增长和商业繁荣。在开发地热资源综合利用上，一定要坚持科学开发、保护环境、节约资源、技术先进、求实保质的宗旨，按照整体规划、分步实施、整体布局、依法行事、综合管理的方针，保证资源可持续利用。要防止在地热开发中盲目行事，无规划，未经批准先下手等不规范和违规行为发生，切实把地热资源的综合利用搞上去，为国民经济发展服务。

3. 依法和规范管理。

地热能源能改善人们的生活环境和生活质量，如果不依法、规范管理，地热能源也能给人们带来难以想象的灾难，如乱开采地热水造成地面下沉，将带来建筑物倾斜与倒塌等。因此在地热资源的未来发展开发中一定要依法行事，依法管理、规范管理。怎样来实现这目标呢？首先，必须以科学的思想作指导，用科学的机制和法规去约束，建立可持续发展目标体系。在管理工作上要科学化、合理化、求实合法，保证地热开发健康发展。其次，编制地热资源图，促进地热资源开发有目的地利用和规划，要将科学制订开发计划与当地规划发展相配套，并列入市政建设总体规划。再次，加强执法力度，提高执法效率，完善法律体系。特别要贯彻落实《矿产资源法》《节能法》，完善法规，以防后患，提高政策效率，这样才能保证地热资源利用健康发展。

三 地热资源的展望

人类生活在地球上，离不开能源资源的支持，我们的生活水平越高，也更需要能源，如照明、取暖、交通运输等。这些设备设施的运转都需要能量，其主要来自煤、石油和天然气等能源。随着经济的发展，能源需求量逐年增加，可是煤、石油、天然气都是不可再生资

源，储量是有限的。据统计，世界上的石油只能用 50～60 年，天然气能用 70～80 年，煤能用 200 年左右，铀矿也只能用 80～90 年。虽然新的油田、煤田和天然气田还在不断发现中，但总有一天这些不可再生资源将会消耗殆尽，到时人们还得依靠可再生能源，如风能、水能、地热能等。所以，各国科学家都想开发可再生能源缓解不可再生能源的消亡。21 世纪的今天，取之不尽的地热能将逐渐成为世界绿色能源的主要对象之一。利用地热能不但能缓解世界能源的危机，而且可以降低大气污染，促进社会经济发展和维持社会发展稳定。这是当今世界各国开发地热能的主要目的。

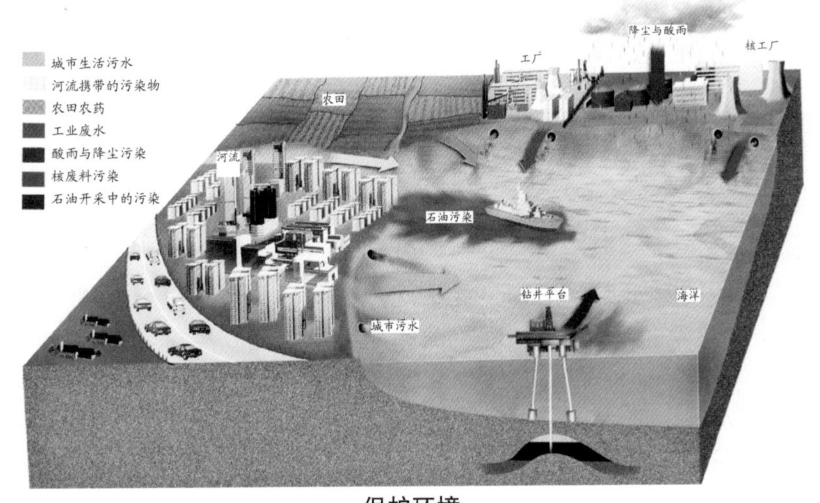

保护环境

1. 地热资源是 21 世纪的绿色能源。

地热资源是各国的本土资源，它的开发和利用不牵涉别国的国土资源问题，很少发生争议，直接减少国与国之间的摩擦，避免了国际争端的发生。另一方面，它对自然环境污染小，安全。因此，不论发达国家或发展中国家都对它大为青睐，世界各国都将它作为低碳生活和低碳经济的核心，为本国民生和经济发展服务。

2. 21 世纪是考验人类能否营造安全、健康、温馨的地球的关键时刻，是能否实现低碳生活和碳排放为零的时刻。据科学家计算，家用汽车每消耗 100 升汽油，就要排出 270 千克二氧化碳。如果人们用煤发电，排出的二氧化碳大大超过汽车用油的排放。目前全世界二氧化碳排放导致产生温室效应的影响，以美国最高，中国次之，俄罗斯位列第三。因此世界各国都想用地热能来代替石油和煤等燃料，争取早日达标，实现碳排放量为零。

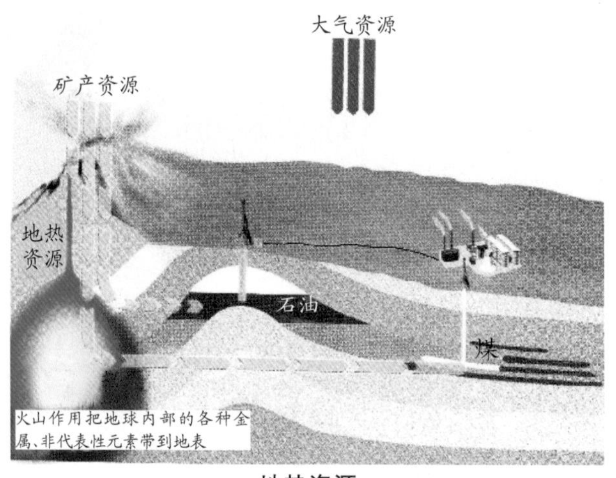

地热资源

世界各国要想利用地热来实现低碳生活也不是一件容易之事。首先，开发利用地热能的成本高，收效慢，技术要求高，需要有一定的经济实力才能实现。第二，地热能主要分布在火山地震带附近，远离火山地震带的国家，要开发地球深部热能就需要高、精、尖技术和设备，同时它的温度较低，还要其他技术配合才能使用，这样加大了成本，增加了经济负担。因此，虽然地热能的确是比较理想的能源，但要使它为大众服务，还需要高科技和经济发展的配合，不然很难实现。

3. 21世纪的今天，世界石油产量已经不能满足经济发展的需要，地热能是本土化能源，已成为世界能源的新热点，世界各地都在加紧开发。目前世界上不但利用中高温地热田，而且用高科技来提高低温地热田的使用率。据2012年10月国土资源部公布的最新评价，我国浅层地热能资源量相当于95亿吨标准煤，每年浅层地热能可利用资源量相当于3.5亿吨标准煤。目前已利用地热能量达到400万吨标准煤。预计到2020年，地热能年利用量可达1200万吨标准煤。这

些数据表明，我国使用地热能的潜力还很大。

4. 世界广泛开发地热能，世界环境得到改善。采用高新技术改造传统技术，降低成本、节约能源，使资源利用率大大提高，促进了社会经济的发展。地热能在21世纪发展能源中将起到重要作用。

地热卫星监测站

5. 地热能的开发，将促进地热地质基础和深部地质理论的发展。在地热开发和实践中创造出新的理论，从而又推动了地热学的发展，将地热利用推向新的更高的平台。

由于现代科学技术的发展，加强了各学科之间的学术交流，促进了学术思想和技术创新，加快了地热科学产业化。另一方面由于地热知识的普及，提高了全民的科技素质，促进人们更合理使用地热资源。在持续发展地热建设中也培养出一批高科技人才，将成为治理国家绿色能源的中流砥柱。

让地球更干净

你知道吗

1. 低碳生活。

在生活或工作过程中，尽量减少和消耗能量，降低二氧化碳的排放量。低碳生活应从节约电、水、油、气等燃料做起，降低二氧化碳的排放量，减少对大气的污染，减缓生态恶化。总之，低碳生活是提倡低消耗能源、保护环境、降低污染环境的因素，以建立和健全人类和谐的生活方式。

冰岛气象站直接用地热取暖

2. 低碳经济。

它能创造更高的生活标准和更好的生活质量，为发展、应用和输出先进技术创造机会，也创造更多的商机和就业机会，把社会推向和谐。它改变人类的生产、生活方式和价值观念，让经济社会与生态环境相互和谐，是当今全球性的一次新革命。

第四章
神奇的可燃冰

4

说到能源，人们首先想到的就是天然的煤、石油或天然气，有谁能想到晶透的天然冰还会自燃，这也是能源吗？众所周知，冰火是不相容的，但有一种冰却“冰火相容”，并成为当今世界公认的绿色能源。这种能源在常温常压下很少见，它就是神奇的可燃冰！

第一节　冰会燃烧吗

一　冰在燃烧

20 世纪 30 年代，在石油探测中发现，高压输气管道和设备里，常有不明的物质填塞，天寒地冻的冬天堵塞尤为严重。在清理管道时，发现有似冰雪的残块，偶然遇火时，残块还会燃烧。当时人们没有想到这就是新的能源，以为它是开采石油时其他物质混杂其中引起的，好像水管生锈一样。所以，这一现象在当时并没有引起人们的重视。

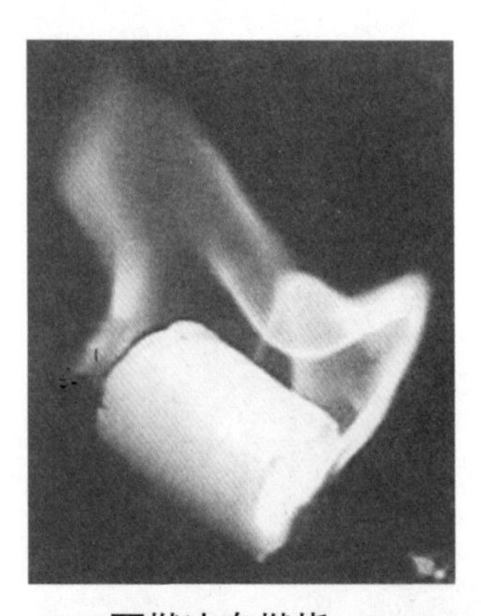
可燃冰在燃烧

1. 一次精彩的表演。

2005 年 3 月，日本爱知万国博览会的主题是“自然的睿智”。参观大厅展示台上，女讲解员指着一块白色的冰块说：“这不是普通的冰，你们看！”接着“嚓”一下，火柴点着，冰发出“噗”的一声，迅速燃烧起来，蓝色的火焰冲向空中，冰很快融化成水。可燃烧的冰

使参观者感到既惊奇，又有趣。神奇的可燃冰向各国观众撩开了它神秘的面纱，受到世界观众的满堂喝彩。经研究证实，神奇的可燃冰是天然气水合物，它的主要成分是甲烷。

你知道吗

甲烷是无色、无味、可燃和微毒的气体。它的分子式是CH_4，比重是0.54。甲烷燃烧时呈蓝色火焰。它在自然界中分布很广，它是天然气、沼气等的主要成分。它可做燃料，是制造氢、一氧化碳、炭黑、乙炔、氢氰酸及甲醛等物质的原料。人体吸入甲烷会引起头痛、头晕、呼吸和心脏加速或失调，若不及时急救和远离，可导致窒息死亡。

2. 笼形结构和有趣的名称。

最初发现可燃冰是天然气与水的混合物，就称为天然气水合物，英文名称为 Natural Gas Hydrate，简称 Gas Hydrate。后来认为它的主要成分是从天然气中来的，天然气常被叫做瓦斯，冰是固体，所以又称为固体瓦斯。而可燃冰的化学分子结构式似笼形多面体晶格，故又给了它笼形包合物的称呼。当然，可燃冰这一最后的名称最贴切：把“冰”和“燃”具有相反特性的字组合在一起，引人以好奇和遐想。

3. 可燃冰是怎样被发现的？

1810 年，英国科学家 H. 戴维在实验室合成气体与水的化合物，当时并没意识到它将成为新的能源。20 世纪 30 年代，苏联在被堵塞的天然气输气管道中，发现有残冰，但也没有引起科学家们的重视。直到 20 世纪 60 年代，苏联首次在西伯利亚永冻层中偶然发现可燃的冰，才引起各国科学家的关注。1970 年，苏联和美国先后在冻

墨西哥湾

土带和大陆边缘大洋深海钻探中，发现冻土带和海洋中都存在可燃冰。此后，在西伯利亚、北斯洛普、墨西哥湾、日本海、印度洋、中国南海等地相继发现可燃冰。根据有关资料统计，全球可燃冰的能量，是地球上煤、石油、天然气总能量的 2～3 倍。

你知道吗

冻土和冻土带

在零摄氏度以下，并含有冰的各种岩砾和土壤称为冻土。冻土带就是发育冻土的区域。冻土一般分为短时冻土、季节冻土和多年冻土。世界上高纬度地带和高山垂直带的上部，常为多年冻土。

我国多年冻土主要分布在东北大兴安岭、小兴安岭，西部阿尔泰山、天山、祁连山、青藏高原等地，平均海拔都在 4000 米以上。我国黑龙江南部、内蒙古北部和吉林西部等地有季节冻土。

近四五十年以来，冻土地带不但发现有石油、天然气，还发现有可燃冰，因此引起世界各国的高度重视。

二 可燃冰的化学性质

在自然界，所有的矿物都有自己的结构式，如石膏(Gypsun)为$CaSO_4 \cdot 2H_2O$，它的结构式是单斜晶系，通常晶体呈柱状和板状显示；明矾石(Alunite)$KAl_3(SO_4)_2 \cdot (OH)_6$，它是三方晶系，呈假立方体状的菱面体，通常以粒状、片状出现。这两类矿物都是含水分子化合物，可燃冰也是含水分子的化合物，它的分子结构式比较复杂。

1. 可燃冰的化学结构和性质。

可燃冰的分子结构是十分复杂的。最常见的分子结构是甲烷水合物分子结构，它是由 46 个水分子包围 8 个甲烷分子组成的，形似一个小笼子挤压排列，外形像冰，最常见的是一种白色固体结晶物质，具有极强的燃烧力。甲烷与水的比例为1∶5.75，一般在海水或地面下，当温度低于 10 ℃，压强又高于 10 MPa（兆帕）的情况下，如有甲烷水合物就能形成可燃冰。一旦温度升高或压力下降时，可燃冰就会融化，并悄悄逸出而消失。

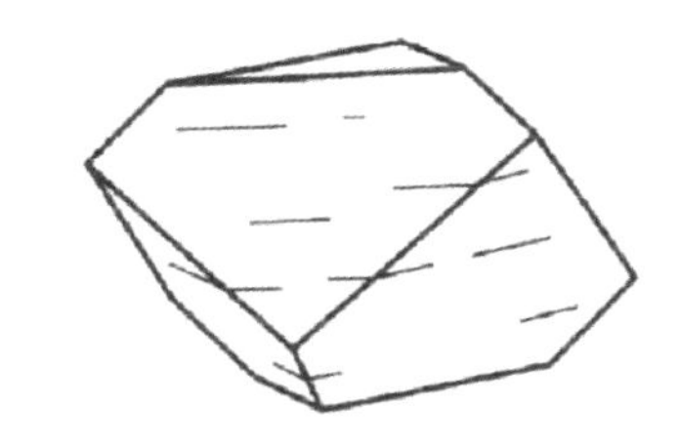

明矾的结构式——三方晶系

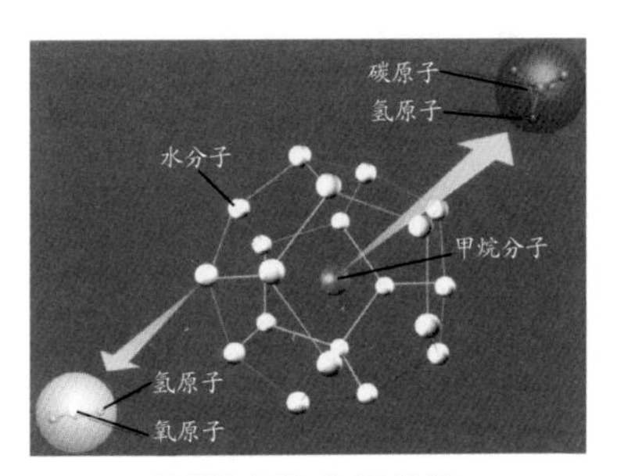

可燃冰的分子结构

2. 可燃冰的能量推算。

可燃冰就像一个天然气的压缩包，它的燃烧能量，比在同等条件下的石油、天然气、煤的能量要大。按照理论推算，1 立方米的可燃冰可放出 164 立方米的甲烷气和 0.81 立方米的水，在可燃冰中甲烷含量可高达 99.99%，而一般天然气中含有的甲烷才 92%左右，乙烷占 3.9%左右，丙烷占 1.9%左右，还有少量的丁烷、戊烷和氧气等。

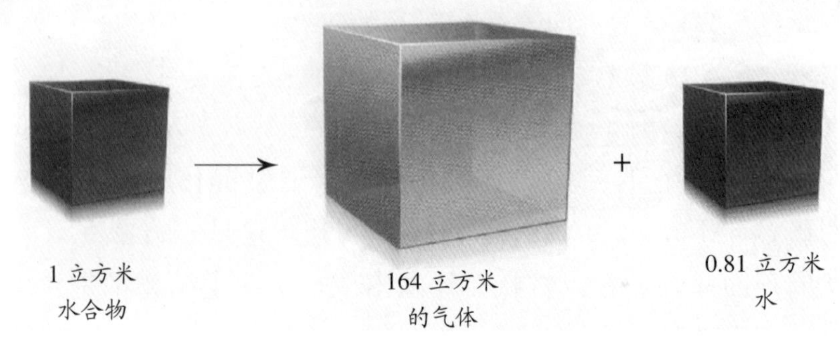

可燃冰的能量密度很高

为什么可燃冰中没有乙烷、丁烷、戊烷和氧气呢？原来可燃冰水合物是笼状结构，它的规模特小，乙烷、丁烷等分子结构规模大，不能进入，而甲烷的分子很小，很适合存在于笼状结构中。因此可燃冰中的甲烷纯度很高，含量高，它具有独特的高浓缩气体的能力。

1. 化学结构式：用“—”表示一对共用电子对（省略其他的弧对电子），这样的式子叫结构式，如水分子结构。

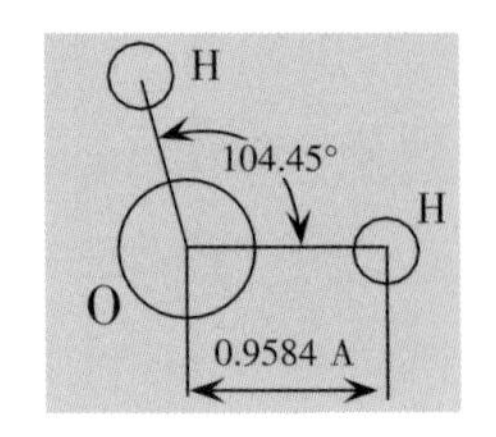

水分子结构

2. MPa（兆帕）和 Pa（帕）均为压强单位。

压强公式 $p=\frac{F}{S}$　S 表示面积　单位：平方米 m^2

F 表示压力　单位：牛顿 N

1 N=1 米·千克/秒

1 Pa=1 N/m^2　　1 MPa=10^6 Pa

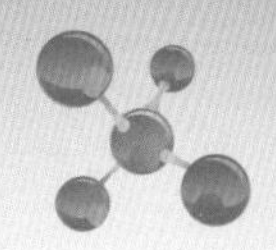

第二节 21世纪的绿色能源

人类社会的生活以及科学技术的发展离不开能源，有些科学家对地球上的能源如石油、煤、天然气等做了估算，发现世界上石油储备量只能开采50～60年；天然气只能用70～80年，最多也只能用近百年；而煤炭是目前世界上可用时间最久的能源，也只有200年左右。届时，地球上的能源将消耗殆尽。虽然新的油田、煤田或天然气田还会不断被发现，但总有一天这些能源会耗尽。

海水石油开采平台

另外，随着世界工业的发展，在石油、天然气和煤的开采过程中对生态环境、大气环境产生了污染，如油管、油轮发生石油外泄给海洋生物带来灭顶之灾，开采的石油废料和废气污染大气促使地球变暖等。

由此看来，21世纪的能源危机是世界各国亟待解决的大问题。急需新的绿色能源取代它们，使人类能安居乐业。

一　绿色能源的新曙光

20世纪中叶，在大家焦虑能源新产品时，苏联科学家在西伯利亚永久冻土层中发现有绿色能源——可燃冰，随后美国、日本、中国等国科学家在大陆坡中也发现优质的可燃冰，给世界带来了希望。

海洋生物与可燃冰共生

1. 绿色能源在哪里？

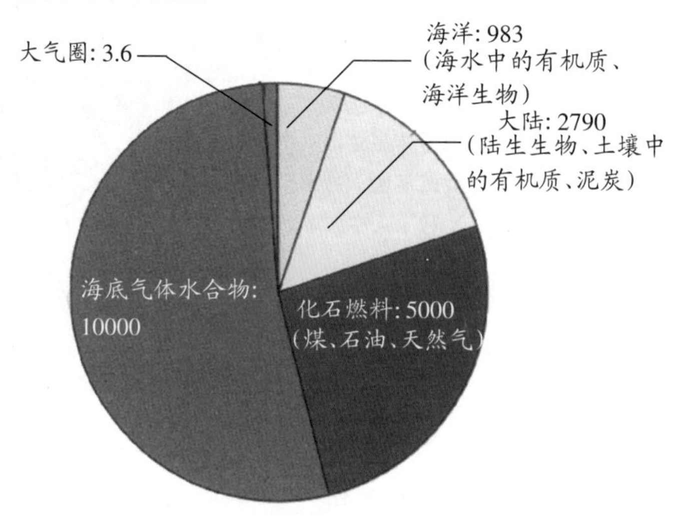

地球上有机碳的分布（$\times 10^{15}$克），其中海底气体水合物的有机碳含量是化石燃料的2倍

根据世界科学家调查，已发现大洋水深 3000 米以内沉淀物中有甲烷水合物资源，粗略估计大约有 2.1 万万亿立方米。这个数据给 21 世纪使用绿色新能源带来了希望。

根据科学家们估算，甲烷水合物的储蓄量大约是全球石油、天然气和煤等石化燃料含碳量的 2 倍。海底可燃冰（甲烷水合物）的储蓄量足够人类使用 1000 年。据调查，海洋中的可燃冰分布面积约占海洋面积的 10%，约相当于 4000 万平方千米。海洋中的可燃冰资源是陆地上可燃冰的 100 倍以上。因此，海洋中的可燃冰，成为了 21 世纪绿色能源的新曙光。

2. 开发可燃冰的意义。

美丽的太平洋

目前世界能源紧缺，可燃冰的出现已成为可持续能源的优质产品。世界上广阔浩瀚的海洋中的陆坡上都存在可燃冰。其中太平洋 95%的陆坡面积都有可燃冰；大西洋陆坡面积的 85%、印度洋陆坡面积的 96%都有甲烷水合物可燃冰。此外，里海、黑海中也有可燃冰。在陆地上，北极、南极和永久冻土地也埋藏着丰富的甲烷水合物。可燃冰最大的意义是其燃烧能量大，而且具有低排放和零排放的性能，对环境不会造成不良影响；它的产量足够人类使用千年以上。它还能促进世界经济的发展，如果提高它的开采技术，将会促进社会取得更高的经济效益。因此它已成为世界新的绿色能源中的希望之光，同时也成为目前某些国家为能源明争暗夺的战争导火线。

你知道吗

1. 太平洋：地球上最大最深的大洋，平均深度4187.8米。南北长约15900千米，东西最宽约19900千米，面积约17968万平方千米，约占世界四大洋总面积的49.8%，地球面积的35%。太平洋地质构造复杂，有世界上著名的地震火山构造带，而且海洋资源和矿产资源十分丰富。

2. 大西洋：世界上第二大洋，总面积9336.3万平方千米，平均深度3627米，最深处可达9219米。它东部浅，西部深。矿产资源比太平洋丰富，海洋资源仅次于太平洋。

3. 印度洋：总面积为7347万平方千米，平均深度3839.9米，最大深度7450米。它的水温较高，盐度大，如红海是世界上盐度最高的海域之一。它的自然资源相当丰富，特别是石油天然气，有世界上最大的海底石油产区，如波斯湾等。

4. 北冰洋：位于地球最北端，以北极圈为中心，面积仅为1500万平方米，它的平均深度为1097米，最深为5499米。由于自然地理环境比较差，终年积雪，人口极少，自然资源和矿产资源尚未开发，有待今后进一步开发。

二 可燃冰的形成与特点

要利用和开发可燃冰，一定要了解和掌握形成可燃冰的因素、特性以及寻找它的标志，这样才能使可燃冰更好地为人类服务。

1. 可燃冰是怎样形成的?

根据目前科学家研究认为，可燃冰是在特定环境下的产物，它的形成必须符合三个基本条件：第一，温度范围在 0～10 ℃；第二，当温度在 0 ℃时，其压力在 30 个大气压以上才能形成；第三，不论海洋里或陆地上，海水面下或陆地下要有油气，如石油、天然气等。这三个条件缺一，都不可能形成可燃冰。

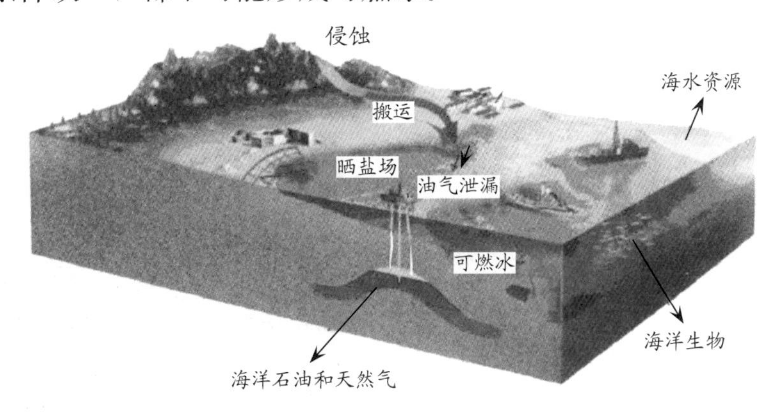

海洋中可燃冰资源环境示意图

2. 可燃冰矿的特点。

目前自然界发现的可燃冰的晶体，主要有层状、针状和亚等轴状。它的颜色呈琥珀色、淡黄色、白色和暗褐色等。可燃冰蕴藏着丰富的有机碳，它的能量比全球地层中的有机碳、化石燃料和海洋中有机碳的总和还要多，初步估计可供全球使用 1000 年左右。它的能量是巨大的，是天然气的 2～5 倍，是“黑色金子”——煤的 10 倍。而且它燃烧后与石油、天然气和煤不同的是，它不污染环境。它除甲烷燃烧外，没有其他化学物质燃烧，是一种清洁能源。因此可燃冰是目前世界上最理

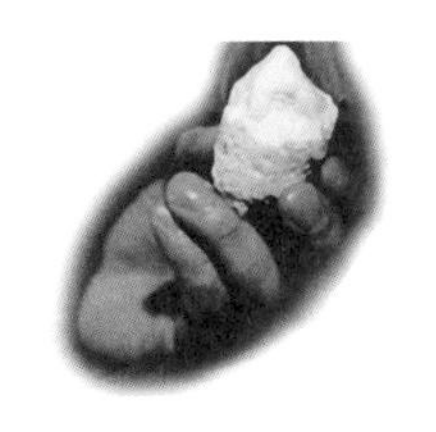

开采出来的可燃冰

想的绿色能源。

可燃冰矿藏另一特点是埋藏较浅。可燃冰在海洋中储存在海底下100～2000米的沉积层中，大多是在陆坡附近。如日本可燃冰矿层位于海底下150～300米处，矿层有三层，总厚度达15米。又如我国在南海北部打钻，在海底183～201米处，水深约1245米处，钻探到有18米厚的甲烷水合物，甲烷含量达99.7%。

三　寻找可燃冰的方法有哪些

大家都知道可燃冰常埋藏在茫茫的大海中，一般在大陆的延伸部位——大陆坡上，或在冰冻雪地的永久冻土层中。在这种自然环境下，用常规方法去寻找它是十分困难的。下面简单介绍几种寻找可燃冰的方法。

1. 用人工地震的方法。

通过人工地震获得海水面下或冻土层下特殊的地震波的形态特征，去识别是否有可燃冰的存在。通常可燃冰有关的地震波震幅要比其他物质的地震波的幅度要小。特别在平缓的海底时，这个特征尤为明显。

地震学家在鉴别地震波

2. 用地球化学方法来测定。

在海水下或永冻层中提取浅层沉积物，通过地球化学元素特征的分析和对比，如甲烷浓度异常、发现菱铁矿等，可以确定可燃冰的存在场所。

3. 用地形地貌特征来判别。

在海洋或永久冻土层中可燃冰会形成一些特征性的微地貌，如泄气窗、甲烷气苗、泥火山、碳酸盐壳和有关的生物碳等。海底发现有冷泉之处，是可燃冰存在的重要标志。

4. 特殊的构造环境。

可燃冰存在的下方通常有储油或天然气的构造。如构造油气藏，

它由构造变形或断裂形成的构造封闭圈，促进油气聚集，这类构造特征在人工地震波形上比较容易鉴别。

5. 用海底特殊的生物来探测可燃冰。

海底生物

根据调查发现，可燃冰与海底特殊的生物共生。如在海底冷泉口附近有一种白色的螃蟹，它以可燃冰为食。除此之外，海底可燃冰周围含有348种微生物，如果没有这类生物可燃冰就不存在。因此科学家认为可燃冰可能是由微生物的遗体产生的，这为研究可燃冰的成因提供了新的线索和思路。

你知道吗

1. 地球化学。

它是地球科学与化学相结合的一门边缘学科。它在地质背景中，研究宇宙元素、地壳元素、海洋元素与生命元素之间的关系。研究宇宙和生命过程中，地球化学演化的规律等。

2. 泥火山。

泥火山是由地下喷出的泥浆而形成的假火山。随泥浆喷出的还有各种气体或液体，如甲烷、乙烷、丙烷等。泥火山的下面往往储藏石油、天然气和可燃冰等。我国新疆和台湾地区都有泥火山。

3. 冷泉。

海水下的甲烷在低温高压下形成可燃冰。当温度和压力产生变化时，可燃冰发生分解，富含甲烷的气体通过沉

积层的裂隙上升，以喷溢或渗流的形式进入海底，并产生一系列的物理、化学和生物作用反应。这种作用和反应的产物称为冷泉。冷泉一旦被冷却，就可形成可燃冰。因此它是寻找可燃冰的主要标志之一。

4. 人工地震。

人工地震是在预定的位置上，用人工爆破的方式发出震波，让地震波穿过海面，直达海底。然后再用高精度电缆将反射的地震波收集回来，经过特殊的软件处理后，得到清晰可靠的地质数据资料。我国自主研究的海底地震仪“CT 机”已研制成功，并在各大工程中使用，取得可喜的成果。

海底 CT 地震仪

四　黑海上的“幽灵”

1927 年的一天傍晚，苏联克里米亚地区发生大地震，地震的震动发出怪异的隆隆声。就在此时，在黑海海面上突然有一团耀眼的火苗蹿出海面。随后熊熊的火焰冲向云天，火焰在空中延伸 250 米左右，像一座高达数百米的火焰山。人们难以置信，水火同现的情形居然在黑海里首先实现。人们又以恐惧和好奇的心理，推测黑海深处是否有神秘的物质在蠢蠢欲动！结果发现这火焰是由地震促使可燃冰融化，产生大量的甲烷，从黑海底下喷溢出来造成的。经科技人员探测证明，在黑海水下 60～650 米深处有 150 多处可燃冰矿藏，甲烷的释放

黑海风光

区长达两千多米。它是由地震的能量点燃的，首次造成了黑海上的“幽灵”。

这个发现为可燃冰新能源开发打开了大门，但人们同时也担心，它可能给海上的航运带来隐患。若航行中船舶火苗不慎点燃逃逸的甲烷，将会像炸药桶般发生爆炸，其后果不堪设想。

五　可燃冰的分类

可燃冰可分为陆上可燃冰和海洋可燃冰矿藏两大类。

1. 陆上可燃冰主要分布在有油气显示的高纬度沼泽和盆地的永久冻土层中或岩石中，如砂岩的空隙和裂隙中。我国已在祁连山、黑龙江等地的永久冻土中找到可燃冰。2008 年 11 月，中国地质科学院的科学家在祁连山一带海拔较低的地区进行初试打钻，发现了甲烷水合物。经过多次验证，不但都见到了甲烷水合物，而且发现了多处存在，其前景十分理想。国际上，美国在北极永久冻土层中，俄罗斯在西伯利亚永久冻土层中，我国在西藏、青海等地的永久冻土层中，都发现有甲烷水合物——可燃冰。

2. 海洋可燃冰主要分布在东、西太平洋和大西洋的边缘，大多存在水深 300 米以下的大陆架、大陆坡地带，印度洋也发现有可燃冰。这些地段不但有丰富的石油、天然气和可燃冰，而且风景优美，是人们的旅游胜地。

含可燃冰的砂岩

但是需要注意的是，有油气田的地方未必一定都存在可燃冰。我国黄海、渤海，由于海深不够，虽有油气田，经查证没有可燃冰。现在世界上多数国家开采的是海洋可燃冰。

你知道吗

1. 陆坡。

由大陆架海区继续向外伸展，海底突然下落，形成一个相当陡峭的斜坡，这种斜坡被称为陆坡，一般海水深 200 ～ 4000 米，它是联系海陆的桥梁。大陆坡的地壳上层以花岗岩为主，大陆坡以外的大洋以玄武岩为主。

复杂的海洋地形构造

2. 大陆架。

大陆架是大陆向海洋的自然延伸，是陆地的一部分。如果大陆架水域的水被抽光，那么大陆架与周围大陆基本一样。盛产可燃冰的 116 个地方都在世界四大洋的陆坡上。如西太平洋海域的鄂霍茨克海、千岛海沟、冲绳海槽、日本海四国海槽、中国的南海与东海、苏拉威西海和新西兰北部海域，东太平洋的中美洲海槽、加利福尼亚滨海和秘鲁海槽，大西洋海域的墨西哥湾、加勒比海、南美东部陆缘、非洲的西部陆缘和美国东海岸的布莱克海等，印度洋的阿曼海湾，南极的罗斯海、威德尔海，以及北极的巴伦支海和波弗特海。除此之外，还有大陆内的黑海和里海等。在盛产可燃冰的相关国家中，美、英、德、加、日等发达国家投入巨资展开本土和国际海域可燃冰的调查研究，并提出开采天然气水合物的国家计划。日本和印度在勘查和开发天然气水合物的能力方面，处于国际领先地位。

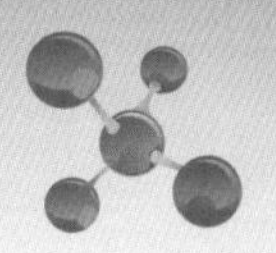

六　可燃冰在地球上的分布

可燃冰分布十分广泛，不但地球上的海洋和永久冻土层中有可燃冰，据行星学家对宇宙中的星体光谱进行鉴别，发现著名的哈雷彗星的周围也有丰富的水分，在哈雷彗星头部可能存在甲烷水化物。由于人类对宇宙物质的开发使用还很遥远，因此人们尚未进一步去验证和研究它。

彗星与水（白光是水点）

1. 世界上可燃冰的分布简况。

地球上绝大多数可燃冰分布在大洋中，少部分分布在高纬度永久冻土层中和北极冰盖覆盖下面。全球地球物理探测资料发现，目前盛产全天然气水合物的有 116 处，其中海洋 78 处，陆地永久冻土带 38 处。已经被查证的国家和地区有：美国、日本各 12 处，俄罗斯 8 处，加拿大 5 处，中国、挪威、墨西哥各 3 处，秘鲁、智利、印度、阿根廷、新西兰、巴拿马、澳大利亚、哥伦比亚各 2 处，巴西、危地马拉、尼加拉瓜、委内瑞拉、巴巴多斯、哥斯达黎加、乌克兰、巴勒斯坦、阿曼、南非、韩国各 1 处，南极永久冻土区有 5 处。

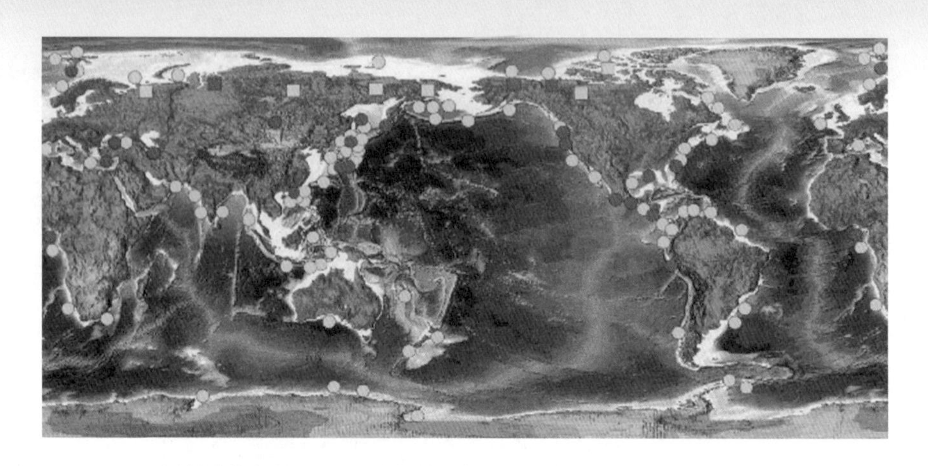

可燃冰在世界范围内的分布（圆形符号代表海洋和湖泊的分布，方块符号代表陆地冻土带的分布，深色圆形符号表示水合物的取样点，浅色圆形符号表示推测出的水合物存在地点）

在这116处地点中，通过国际地震资料和大洋深钻所证实的有15处；通过钻井或测井发现的有8处；应用活塞取心和重力取心器发现的有8处。如果这116处都被证实，那么世界上可燃冰资源估计有21～22兆亿立方米，是世界已有总能量的2倍。

当前，俄罗斯西伯利亚在麦索油气口、加拿大的麦肯齐三角洲冻土区、美国的阿拉斯加等地，都已成功地开采可燃冰。据报道，俄罗斯商业开采天然气126亿立方米，其中有69亿立方米的天然气是从可燃冰中分解出来的。

日本1994年就开始基础性研究，2000年从事技术开发，随后进行海洋开采试验，到2018年将确立商业性生产技术。目前，日本已查明东部近海海沟中有1.14万亿立方米的可燃冰，相当于日本天然气消耗量的13.5倍。在日本四国岛南部发现有74亿吨油当量的可燃冰，可满足日本140年左右的能源需要。

当前，世界各国对能源的开发都十分重视，有的国家为获取能源而不惜代价。一位美国总统的顾问曾说："如果可燃冰被利用，全球政治面貌将随之改变。"这充分证明了可燃冰在世界上的地位和重要性。

你知道吗

油当量（Oil equivalent）：油当量是按标准油的热值计算各种能源量的换算指标。中国又称为标准油。1千克油当量的热值，联合国有关组织按42.62兆焦耳（MJ）计算。1吨标准油相当于1.454285吨标准煤。

2. 中国可燃冰的分布简况。

中国有辽阔的海洋，在海洋中也埋藏着数量巨大的可燃冰，如南海陆坡和陆隆区蕴藏着丰富的可燃冰，估计有643亿～772亿吨油当量。南海北部陆坡上可燃冰的远景储量达185亿吨油当量。据有关部门统计，南海可燃冰的储量相当于中国陆地上石油总量的50%。我国东海也发现有大面积白色可燃冰的赋存区，其前景十分美好。

拖网取样

中国是世界上第三冻土大国，冻土带大约有215万平方千米，占国家总面积的22.4%。在冻土层下藏有许多尚未开发的可燃冰矿藏。根据我国地质专家探查，在我国的青藏高原腹地，如羌塘盆地、祁连山木里盆地、青藏铁路线的风火山—乌丽地区、黑龙江的漠河盆地等都有可燃冰显示。专家们不但编制出我国第一张可燃冰分布图，为祁连山钻探奠定了基础，并取得了新的突破。根据钻探资料粗略估计，中国冻土地带可燃冰资源的远景储量可达350亿吨油当量。

中国台湾省西南海域1万平方千米的海域里，可燃冰的蕴藏产量初步估计至少可供台湾人民使用60年。

第三节　棘手的新能源

可燃冰是 21 世纪应用前景广阔的绿色新能源，由于其燃烧不污染环境，而且能量大、分布广，应用前景是十分美好的。但它最大的不足是在温度变化时，可燃冰会汽化或溢出进入大气层，促使全球气温变暖，这种灾难性的缺陷是各国政府最头痛和担忧的事。要克服这一缺陷，除了要提高开采技术和理论水平，还要不断改进设备和保存可燃冰的方法，这样才能降低开采中的问题和风险。

海洋上探测新能源

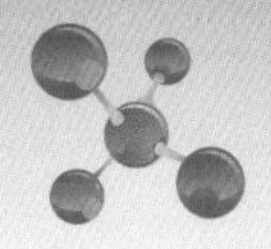

一 开采可燃冰的方法

目前开采可燃冰的方法有三种，即热激化法、减压法、注入剂法。这三种方法共同的难点是：第一，如何保持井底稳定，使井中的甲烷不向外泄漏，或不引发温室效应。针对这个问题，日本提出“分子控制”开采方案加以解决。第二，提取可燃冰气藏，必须通过钻井。这难度比海上取石油、天然气还要难。原因一是取样位置水太深，不易控制；二是可燃冰一遇减压迅速分解，极容易造成井喷。第三，由于自然和人为因素造成温差变化促使水合物分解，人为造成滑坡，造成大量生物死亡等环境灾难。因此日本采用“减压法”来开采可燃冰。该法将开采深井和设备置于海水下，将稳定在130个大气压强状态下的可燃冰，逐渐减压到30个大气压，可燃冰中的甲烷通过钻井管道进入储存器，从而获得开采最佳效果。虽然已经试验成功，但还有许多技术和设备问题有待进一步提高，才能使效果更完美。

二 开采可燃冰的危害性

沉睡在海底、内陆盆地或沼泽下的可燃冰，由于人们的开发技术不成熟和理论研究尚不完善，在开采过程中可能会产生以下四个危害。

1. 海底滑坡。

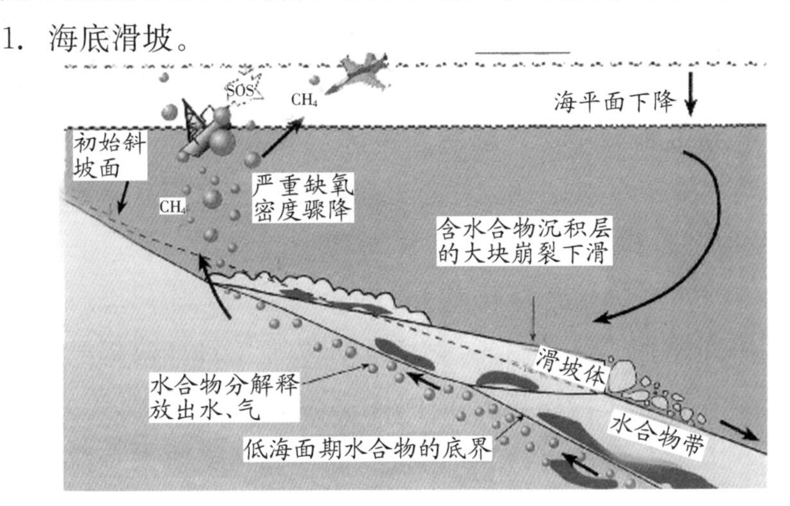

海底滑坡示意图

通常情况下，沉睡在海底的可燃冰以胶结物与海洋中的沉积层共存，它增强了海底沉积物的强度，使它与沉积物都处在稳定的海底下。当开采可燃冰时，获取的可燃冰发生融化或取出可燃冰时使沉积层的稳定性减弱，从而失去平衡，引起海底滑坡，并可能引发海啸。这些海底地质灾害不但会使人类受灾，而且可能毁坏海底先进开采设备和海底电缆等设施，也给航海带来灾难。

由于海底滑坡的产生，引起海水水压降低、升温，这样可使海水中的可燃冰又发生融化，产生大量甲烷外泄到大气中，使大气发生污染和产生温室效应，引起全球性气候灾害，其后果不堪设想。

2. 海水毒化。

由于开采可燃冰不当，大量甲烷泄漏到海水中导致海水毒化，以致局部环境严重缺氧，造成大批海洋生物集体死亡，甚至海洋某些生物发生灭绝，这绝非危言耸听。海水毒化给人类健康以及海上运输都会带来严重恶果。

3. 温室效应。

甲烷是一种高效的温室效应气体。开采可燃冰时释放出的大量甲烷逃离海水至大气中，会导致地球的温室效应增强，致使地球上的永久冻土层、两极冰盖和高纬度冰川开始融化。当前全球气候变暖已是不争的事实。地球上全海洋可燃冰的甲烷，大约为大气层中甲烷的3000倍。若开采不当，甲烷进入大气层，甲烷所起的升温作用比二氧化碳要大10～20倍。那时产生的后果是不堪设想的。由于温室效应促使气候变暖，冰川融化，会造成海平

健康的天空

被污染的天空

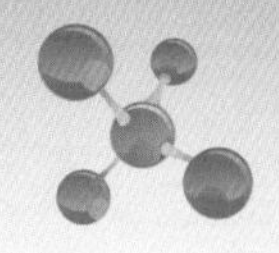

面上升 30～150 厘米，许多城市将被淹没，如阿姆斯特丹、伦敦、曼谷等城市将变成一片海洋，使千万人受灾，无家可归。

4. 井喷和海啸。

在开采过程中，由于技术没有过关或操作有差错，可能会造成可燃冰外泄，海水被污染；另一方面由于可燃冰迅速分解，大量的甲烷从开采的井口喷出产生井喷，由此又引起火灾。目前还没有好的办法来阻止井喷。

海底开采可燃冰，当可燃冰采出后，洋壳失去稳定和平衡。这时在大陆架边缘的一系列断裂也会动荡起来，它将使海底发生地震，导致海啸的发生，给人类带来“地狱”性的灾难。

由此可见，可燃冰是大自然赐予人类的巨大宝藏，给人类带来许多福音和诱惑，也有可能带来巨大祸害！但不管如何，人类的进步必将推动对海洋资源的开发。人们将会提高技术和理论水平，使巨大宝藏按人类的意志为人类服务。

1. 滑坡。

坡地的土体或岩体，由于水、重力等自然因素或人为的原因，沿着一定的滑动面做整体的滑动现象称为滑坡。

2. 井喷。

井内流体层压大于井筒内液柱静压力时，含流体层的流体大量进入井筒，然后与井筒内液体一同从井口喷出称井喷。在油、气田地区井喷最常见，井喷常会引起火灾或其他事故。井喷本身属恶性事故。

3. 海啸。

海啸是由海底火山、地震、滑坡以及海底塌陷等活动引起的。海啸波长可达数百千米，如 2011 年 3 月 11 日日

本本州海域发生里氏 9 级地震，震后引起海啸，浪高达 10 米。海水以排山倒海之势涌上本州岛，淹没了城镇、村庄和耕田、核电站等，给日本本州造成巨大的生命、财产损失。

三　开采可燃冰存在风险的原因

可燃冰虽然是 21 世纪的绿色能源，也是解决当前能源危机的主要燃料，但由于它的“脾气”不好，人们没能很好掌握它，因此存在的风险也是比较大的。产生风险的原因主要有下列几个方面。

1. 相关可燃冰的理论研究还不成熟。

由于可燃冰从发现到开发还不到 100 年，可燃冰的成因还没有完全揭开，而且它主要分布在陆坡和永冻层地区内，人们还不能直接去观察、探讨，对它的形成机制和分布规律也不完全掌握，比如它的主要成分为什么是甲烷，甲烷引起的负面效应有哪些等。要开采可燃冰，人们对海底地质的复杂程度了解不够，以致对开采中产生的问题难以预料，可能会给人类带来许多灾祸。

2. 开采技术不成熟。

可燃冰在海底是以固体呈现的，它常与海沙混在一起，要分离它们不是件容易的事。可燃冰在常温下会变成气体，以致造成井喷，所以要储存纯的可燃冰是一个大难题。可燃冰的分离、储存都需要有优良的设备，这给后勤保障工作增大了难度，最终造成开采成本增加。

3. 海底开采环境难以控制。

人类对海底地质掌握不够，而且开采可燃冰发生井喷或泄漏是不可避免的，因此造成人们对海底开采环境难以控制。现代海底有大量的电缆、通信光缆和输油管道等工程设备，一旦由于开采可燃冰而损坏，其后果也是很严重的。所以，至今各国没有好的对策，仅开始做试探性开采。预计再过几十年，人们一定能从实践中找到合理合适的

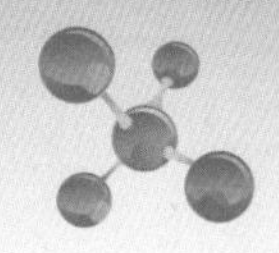

开采方法。

4. 地质历史上的教训。

科学家研究表明，在地质历史上，可燃冰闯过大祸。那是在5500万年前，由于海水温度上升诱发海底可燃冰消融，大量甲烷释放出来，短短几千年间大约释放出2万亿吨碳，它相当于现在全球煤炭储量的1/5左右，结果大气层温室效应大爆发，全球骤然变热，大洋酸度骤增，海底严重缺氧，导致大量生物毁灭和迁移。

深海潜水器

挪威科学家也发现，挪威在8000年前由于地表变动，挪威海中可燃冰发生过一次破裂，导致3500吨甲烷向外泄漏。这个数量相当于现在挪威可燃冰总埋藏量的3%。现在在原泄漏区1000平方千米的海底，大约有100多个泄漏口的遗迹，显示地质历史上曾发生过的地质事件。

你知道吗

百慕大三角位于美国大西洋西部，它是由百慕大群岛、波多黎各岛和墨西哥湾构成的三角形海域，面积约100平方千米。该地区飞机、轮船失踪事故不断，失事的人、物无影无踪，因此被称为“死亡的陷阱”“地球的黑洞”“魔鬼死亡三角”，它以“多事之海”而闻名世界。从1914年以来这地区已有400多艘船只失踪，有100余架飞机共带着2000余人进入“魔鬼死亡三角”后消失。世界上许多学者都在研究百慕大三角区的魔力。

100多年来，许多学者从不同角度解释和探讨百慕大三角区，结果莫衷一是。有科学家认为这片海域漩涡大而多，可将船只卷入海底。漩涡又似一个大凹面镜，将太阳光聚焦，快速升温至上万摄氏度，将船和飞机都烧了。也有人认为百慕大三角区的重力、磁场特别强，将船和飞机吸入海水中。百慕大三角区是火山频繁活动区，因此也有学者认为失事的原因，是由电磁辐射失常和海啸造成的。

值得注意的是，1990年在美国新奥尔良召开的美科学家促进协会第156届年会上，6000多名科学家共同研讨“百慕大魔区”问题。大家比较倾向认为，加拿大科学家唐纳德·戴维森的观点比较现实。他认为百慕大三角区有大量石油、天然气以及可燃冰。这些物质放出大量的甲烷、乙烷等气体，造成海水压力减小，而体积急剧膨胀，造成大量海水翻滚，水密度随即变小。当轮船等经过百慕大水域时，由于水密度小而引起轮船等下沉消失。而且释放出来的气体促使大气中的氧减少，以致飞机驶入该区时，由于缺氧，造成飞机发动机熄灭，当它再次点火又将天然气和可燃冰释放的甲烷点燃，造成飞机烧毁。戴维森的理论得到科学家们的赞同，但也有人认为有待进一步验证。

其实在亚洲日本海域和中国南海，也有类似的“魔鬼三角”。中国“魔鬼三角”，位于中国香港、中国台湾、菲律宾吕宋岛形成的一个三角海域。1979年5月到1980年2月，前后10个月中有三艘货船经过这一海域，船、人、货都神秘失踪，一点迹象都没有遗留下来。专家们认为，海难事件可能与该区域大漩涡密切有关。

四　我国海洋可燃冰发展简况

中国是美国、日本、印度之后，世界上第四个采到天然气水合物实物样品的国家；在世界上，中国南海是第22个从海底获取可燃冰

的地区；中国也是世界上第12个通过钻探工程取得成果的国家。

1. 中国最早接触可燃冰的地质学家。

1985年，中国地质矿产部专家在学术杂志上发表《固态天然气》一文。

1998年1月，我国有关发现石油资料中“似海底反射”（BSR）异常曲线是存在可燃冰的标志的论文在国内杂志上发表。此后，我国地质工作者先后在南海北部陆坡甲、西沙群岛、东沙群岛等都发现有丰富的可燃冰，从此我国被公认为是世界上第四个开发可燃冰的国家。

2. 中国南海首次发现可燃冰。

1999年10月，国土资源部启动了“西沙海槽区天然气水合物资源调查和评价”项目。广州海洋地质调查局“奋斗五号”考察船受权开赴西沙，进行天然气水合物试验性调查。摄影机在海底探测时，发现了白花花的甲烷菌席，在它周围有大量微生物。初步探测查明在西沙海槽盛产可燃冰的面积达5242平方千米，初估产量可达4.1万亿立方米。2001年广州海洋地质调查局对南海北部天然气水合物资源调查中也发现有天然气水合物——可燃冰。由此证明中国南海天然气水合物有广阔的开发前景，为我国研究和开发可燃冰打下了基础。

3. 中国南海的“九龙甲烷礁”。

从2003年开始，中德科学家对中国南海北部陆坡进行甲烷和天然气水合物的地球物理探测技术研究。2004年6月时经42天的考察中发现，中国南海陆坡区有430平方千米的巨型碳酸盐岩，其中蕴藏着丰富的石油、天然气，以及甲烷气体喷溢形成的菌类、双壳类生物等。经同位素测定，碳酸盐的绝对年龄为4.5万年左右。该岩石被中德科学家命名为“九龙甲烷礁”。它的发现对我国洋区寻找可燃冰的勘测工作有着指导性意义。除此之外，在南海的东沙海域南部也发现有可燃冰和它伴生的生物，证实了九龙甲烷礁的发现为寻找可燃冰提供了重要依据。

4. 点燃深渊中的火种。

我国在南海北部陆坡地段发现该区的东沙群岛西南海域，存在甲烷和与冷泉相关的碳酸盐结构，它具有多期喷溢和甲烷多变的特点，因而判别该海域有浅埋藏的可燃冰。2005 年 10 月，我国海洋地质工作者在南海陆坡异常区打探试钻。2007 年 5 月 1 日凌晨，在该海域的海底下 183～201 米处，水深约 1245 米，取得可燃冰的样品，它的水合物丰度约 20%，沉积层厚度约 18 米，气体中甲烷含量为 99.7%，可直接点燃，火焰呈蓝色，火势极旺，这成果真是来之不易。

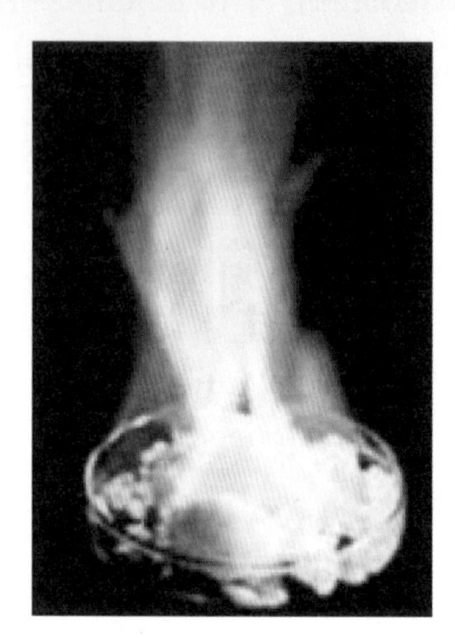

可燃冰在燃烧

这火焰点燃了中国使用绿色能源的希望，也是中国开发绿色能源的里程碑，证实了中国辽阔的南海海域的可燃冰是中国绿色能源的曙光。

五　我国陆地可燃冰简介

在陆地上，我国冻土天然气水合物也是十分丰富的。2004 年中国地质科学院矿产研究所深入青海、祁连山、青藏高原腹地羌塘盆地，编制出我国冻土区首张“可燃冰藏宝图”。提出青藏高原的羌塘盆地、青海祁连山的木里盆地和黑龙江漠河盆地等，都有可燃冰的显示。据粗略估计，冻土地区可燃冰的远景储量大约在 350 亿吨油当量。2008 年我国国家发改委数据显示，2008 年我国原油需求量为 3.9 亿吨，国产原油仅 1.9 亿吨，净进口原油近 2 亿吨。这样，冻土区 350 亿吨油当量能源可供我国使用 90 年。

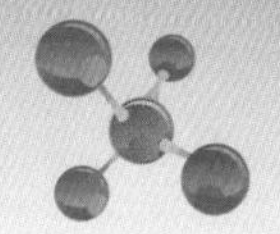

你知道吗

1. 东沙群岛。

东沙群岛属中国南海诸岛中的一个，它由环形两个暗礁组成。面积5000平方千米，有丰富的石油、天然气、可燃冰和矿产资源，还有各种鱼类、海产品、珊瑚和水母等水产资源。

东沙群岛

2. 地质年代。

地质年代是表示地质历史中地球的年龄有多大，有哪些地质事件发生，哪些岩石、矿产在何时形成。地质学中用古生物地层学方法计算地球的相对年龄；用同位素年代学方法计算地球的绝对年龄，用古地磁学的方法计算地球地磁的年龄。

3. 绝对年龄。

绝对年龄是根据放射性元素衰变规律来定量计算的地质年龄。

4. 相对年龄。

根据生物进化原理用化石来确定地层中的相对新老关系。

5. 古地磁年龄。

用仪器测定岩石里留下的剩余磁性来确定地质年代。

六　可燃冰未来发展的展望

“雪龙号”破冰船

“蛟龙号”载人深潜器及其母船

世界各国将可燃冰称为21世纪绿色能源，又称它为新能源。由于它的生成、产出和储存的特殊性，世界各国都将它作为国家战略资源来调查和开发。目前世界上至少有30多个国家和地区参与其中，其中美国对可燃冰的开发和研究计划比较完善。可燃冰大部分分布在海洋深处，要开采可燃冰，首先要有一艘装备有先进实验室和挖掘开采设施的轮船，能够高质量地对海底可燃冰进行勘探。我国截至2000年，已对近200艘综合和专业调查船进行改造和建造，总吨位近20万吨，居世界第四位。2010年我国已建成“蛟龙号”载人深潜器和远洋破冰船，前者可潜入海洋深达7000米。这意味着中国海洋开发已进入新时代。

可燃冰是21世纪很有潜力的重要燃料之一。开采可燃冰，首先要防止开采中甲烷进入大气层而产生温室效应。如果可燃冰流失在海洋中，会引起海洋的污染，由此引起海洋生物的毒害和死亡，其后果不堪设想。据科学家们统计，目前世界上产生温室效应的气体有五种，其中二氧化碳名列第一，甲烷名列第二。可燃冰主要成分是甲烷，因此要解决阻止可燃冰中的甲烷进入大气层，首先要解决可燃冰储藏区的环境保护和开采可燃冰的技术安全。在这样的环境下，促使科技人员在21世纪必须解决开发可燃冰的理论和技术问题。目前，美国、俄罗斯、日本、中国等国家在开发可燃冰的理论和技术上都有

进展，特别是美国走在世界前列。预期到21世纪后期，开采可燃冰的理论和技术将更加完善。

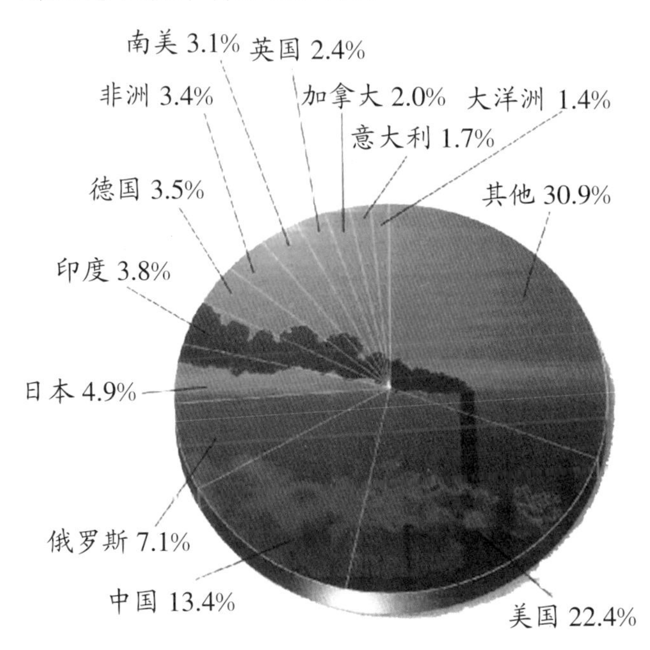

全球二氧化碳排放图

我国可燃冰开发在21世纪必须快速发展。一是外因促使，世界上少数国家在中国南海要获取海洋资源，主要是石油、可燃冰。另一方面，我国21世纪经济发展必须要有足够的燃料，可燃冰是最理想的燃料之一。在这种形势下，我国“十二五”规划已将可燃冰作为新型资源纳入到规划中。中国不但在内陆冻土带中找到良好的可燃冰，而且在广阔的海洋中也有丰富待采的可燃冰。中国的可燃冰资源是国产绿色能源中的佼佼者，地位仅次于地热能。如果技术设备等解决好，它还能超过地热能的应用，成为我国能量最大的新型能源。

虽然可燃冰开发利用前景广阔，但它最难突破的瓶颈是开采技术，它涉及海洋地质、地球物理、地球化学、流体动力学、钻探工程等多个学科。大力开展可燃冰开发研究可带动科学理论的创新，也带动相关产业的发展，促进经济增长。我国虽然研究可燃冰起步较晚，但现在有些技术已与世界保持同步，某些方面还有自己的技术特色，希望在本世纪内，我国在开采技术和储藏设备上有新的突破，成为世界上真正的海洋大国。

你知道吗

中国海洋调查船经历阶段

中国第一艘海洋调查船是1956年改建的，取名为“金星号”，主要用于对我国渤海、东海、黄海等海洋资源调查。1965年建成第一艘远洋调查船——“实践号”，“实践号”曾在1978年日本国际海洋博览会上展出。1972年又改装建成第一艘万吨远洋综合调查船“向阳05号”。1978年建成特大型远洋综合调查船“向阳10号”。1985年、1993年我国从国外购进并改建“极地号”和“雪龙号”两艘远洋调查船，现在船上已有开展沉积层学、岩石学、考古学、地球化学、地球物理学，以及海洋资源等学科研究的设备。

结尾的话

可燃冰的确是21世纪绿色新能源的宝贝。但它的“脾气”很坏，人们难以控制它。可是它的分布面积又占海洋10%的面积，可作燃料供人类使用1000年，这是对人类最大的诱惑！因此人类有决心去研究它，提高开采和储存技术来降服它。现在海洋能源已成为世界“兵家必争之地”，我们应该尽早掌握开采可燃冰的技术与设备，将主动权牢牢掌握在我们手中。

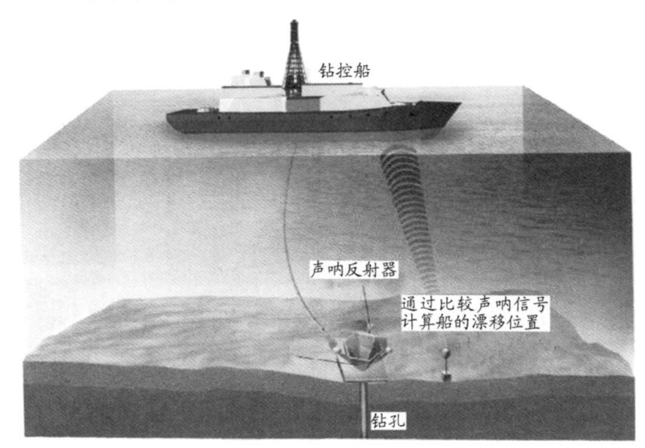

大洋科考

向海洋进军的号角已经吹响，2009年我国第一艘天然气水合物综合调查船——“海洋6号”在广州正式加入海洋地质调查行列，这标志着我国海洋地质调查装备已进入国际先进行列。该船总长106米，宽17.4米，型深8.4米，最大吃水5.7米，排水量达4600吨，航力达1.5万海里，可在中国海域进行调查，总造价近4亿元人民

币。它的探测设备先进，如配置有 4000 米深的海上机器人“海狮号”，并有高分辨率的地震采集系统和测深系统，以及测定水下地层剖面系统。它以海底可燃冰调查为主，同时兼顾其他海洋地质和海底矿产资源调查。

2011 年 7 月 1 日，我国“蛟龙号”在江阴起航，它将载人潜伏深度尝试为 7000 米，它可在世界海洋中广阔的海域里自由行动，最快速度为每小时 25 海里，巡航速度每小时 1 海里，载员 3 人，正常水下工作时间可达 12 小时。这意味着，我国已打开和平开发和利用深海资源的大门，也为开采可燃冰建立坚强的后盾。到 2011 年 8 月已成功 4 次下潜深海，突破 5000 米，下潜深度分为 5057 米、5188 米、5184 米和 5180 米。

2012 年 6 月 15 日，“蛟龙号”载人器又潜入西太平洋的马里亚纳海沟，潜入深度为 6671 米。事后又四次下潜到 6965 米、6963 米、7020 米、7062.68 米深海中。6 月 30 日成功下潜到 7035 米，“蛟龙号”载人器潜水器试验阶段宣告圆满结束。2013 年，中国“蛟龙号”将进入应用阶段，如研究南海水下的生命史等。

在试验阶段中，“蛟龙号”潜入南海深部“捉鳖”，给我们带来五大喜讯：观察海底热液和冷泉，揭示深海黑暗中的生物键，探测海底火山键，初试可燃冰采样成功，实现了科学家深海探测和未来普通人探视深海秘境的途径等。在应用阶段还将继续集成创新，走跨越时代发展的道路，它的功绩和意义是十分深远的。我们期待新的奇迹再现！

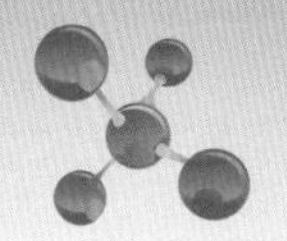

你知道吗

1. 世界上知名载人潜水器一览。

美国“阿尔文号”，1964年建造，可下潜4500米。法国“鹦鹉螺号”，1985年研制，可下潜6000米。俄罗斯“和平号”，1987年研制，可下潜6000米。日本“深海6500号”，1989年研制，可下潜6527米。创造过载人潜水器深潜纪录的中国“蛟龙号”，2011年研制，可下潜7000米，载员3人。

2. “蛟龙号”潜水器简介。

中国“蛟龙号”潜水器，长8.2米，宽3.0米，高3.4米。有效负载220千克，它外形似鲨鱼，有着白色圆圆的身体，橙色的“头顶”，身后装有一个X形尾翼，并在四个方向上各有一个导管推力器，它是我国2009年“海狮号”后潜水最深的探测器。

“蛟龙号”起水时的情景

根据中国大洋协会提供的资料，全球大洋中有石油约1400亿吨；海洋天然气的储量140亿立方米；大洋中的可燃冰，相当全球石油、煤和天然气总储量的2倍。除此之外，还有丰富的锰结核、钛金属等矿产。我国“蛟龙号”下潜深海5000米深处时，还发现巨型原生动物、微生物、透明的海参、龙虾、鼠尾鱼等海洋生物。

图书在版编目（CIP）数据

话说地热能与可燃冰 / 翁史烈主编. —南宁：广西教育出版社，2013.10
（新能源在召唤丛书）
ISBN 978-7-5435-7582-0

Ⅰ. ①话… Ⅱ. ①翁… Ⅲ. ①地热源 - 青年读物②地热能 - 少年读物③天然气水合物 - 青年读物④天然气水合物 - 少年读物 Ⅳ. ① TK521-49 ② P618.13-49

中国版本图书馆 CIP 数据核字（2013）第 286569 号

出 版 人：张华斌
出版发行：广西教育出版社
地　　址：广西南宁市鲤湾路 8 号　　邮政编码：530022
电　　话：0771-5865797
本社网址：http://www.gxeph.com
电子信箱：gxeph@vip.163.com
印　　刷：广西大华印刷有限公司
开　　本：787mm × 1092mm　1/16
印　　张：8
字　　数：109 千字
版　　次：2013 年 10 月第 1 版
印　　次：2016 年 4 月第 5 次印刷
书　　号：ISBN 978-7-5435-7582-0
定　　价：26.00 元